工学结合·基于工作过程导向的项目化创新系列教材
国家示范性高等职业教育土建类"十三五"规划教材

U0279326

土木工程CAD

GONGCHENG CAD

TUMU

主　编　尹　晶　孙艳崇
　　　　张津之
副主编　王　璐　查湘义
　　　　朱明苏　唐　文

华中科技大学出版社
http://www.hustp.com
中国·武汉

内 容 简 介

本书共 13 个学习情境,主要内容包括:AutoCAD 基础知识、绘制图形前的准备工作、使用 AutoCAD 绘制基本图形、图形的编辑修改、图层及对象特性、图块和图案填充、创建文本和表格、尺寸标注、使用工作空间与图纸打印、三维图形制作与编辑、建筑施工图的绘制、给水排水工程图的绘制、建筑装饰施工图的绘制。其中,大部分章节配有与教学内容相符的上机指导和操作练习。

本书可作为本科院校及高职院校土木类专业计算机绘图的教材,也可作为计算机培训教材及相关技术人员的学习参考用书。

为了方便教学,本书还配有电子课件等教学资源包,任课教师和学生可以登录"我们爱读书"网(www.ibook4us.com)免费注册并浏览,或者发邮件至 husttujian@163.com 索取。

图书在版编目(CIP)数据

土木工程 CAD/尹晶,孙艳崇,张津之主编.—武汉:华中科技大学出版社,2018.10(2025.1 重印)
国家示范性高等职业教育土建类"十三五"规划教材
ISBN 978-7-5680-4430-1

Ⅰ.①土… Ⅱ.①尹… ②孙… ③张… Ⅲ.①土木工程-建筑制图-计算机制图-AutoCAD 软件-高等职业教育-教材 Ⅳ.①TU204-39

中国版本图书馆 CIP 数据核字(2018)第 224292 号

土木工程 CAD
Tumu Gongcheng CAD

尹 晶 孙艳崇 张津之 主编

策划编辑:康 序
责任编辑:康 序
责任监印:朱 玢
出版发行:华中科技大学出版社(中国·武汉)　　电话:(027)81321913
　　　　　武汉市东湖新技术开发区华工科技园　　邮编:430223
录　排:武汉三月禾文化传播有限公司
印　刷:武汉市籍缘印刷厂
开　本:787mm×1092mm　1/16
印　张:17
字　数:429 千字
版　次:2025 年 1 月第 1 版第 4 次印刷
定　价:38.00 元

前言

●○○

AutoCAD 作为一款优秀的 CAD 图形设计软件,其应用程度相当广泛,尤其是在建筑领域。目前 AutoCAD 推出的 2016 中文版,集图形处理之大成,代表了当今 CAD 软件的最新潮流和技术巅峰。本书以中文 AutoCAD 2016 为平台,将软件与土木工程相关专业知识结合,介绍了 AutoCAD 基础知识、绘制图形前的准备工作、使用 AutoCAD 绘制基本图形、图形的编辑修改、图层及对象特性、图块和图案填充、创建文本和表格、尺寸标注、使用工作空间与打印图纸、三维图形制作与编辑、建筑施工图的绘制、给水排水工程图的绘制、建筑装饰施工图的绘制等内容。在介绍 CAD 基本概念和基本操作的同时,特别强调实际能力的训练。

在教学过程中应根据各专业的特点对教学内容加以适当调整,并结合一定的实例组织教学。本书可作为本科院校及高职院校土木类专业计算机绘图的教材,也作为土木类相关技术人员学习和参考用书。

本书由辽宁省交通高等专科学校尹晶、孙艳崇、张津之担任主编;由辽宁省交通高等专科学校王璐、查湘义,上海济光职业技术学院朱明苏,湖南有色金属职业技术学院唐文担任副主编。编写工作分工如下:尹晶编写学习情境 4、学习情境 10、学习情境 13 以及前言、目录并统稿;孙艳崇编写学习情境 5、学习情境 6、学习情境 7;张津之编写学习情境 1、学习情境 2、学习情境 3;王璐编写学习情境 9;查湘义编写学习情境 12;朱明苏编写学习情境 8;唐文编写学习情境 11。

本书在编写过程中,参考了国内学者和同行的多部著作,得到了很多高职高专院校老师的支持,在此一并表示由衷的感谢。

为了方便教学,本书还配有电子课件等教学资源包,任课教师和学生可以登录"我们爱读书"网(www.ibook4us.com)免费注册并浏览,或者发邮件至 husttujian@163.com 索取。

由于篇幅较大,涉及内容较多,加之编者学识和经验所限,书中可能存在错误、疏漏或不妥之处,衷心希望读者对本书提出宝贵意见。

编　者
2018 年 7 月

目录

任务 1 AutoCAD 软件的功能及发展

AutoCAD 软件是由美国 Autodesk(欧特克)公司于二十世纪八十年代初为计算机上应用 CAD(Computer Aided Design or Computer Aided Drafting 的缩写,意思是计算机辅助设计)技术而开发的产品,经过不断的完善,现已经成为国际上广为流行的绘图工具。AutoCAD 可以绘制二维和三维图形,绘制工程平面图的功能强大,使用方便,其三维建模、数据库管理、渲染着色以及互联网功能不断完善,在航空航天、造船、建筑、机械、电子、化工、美工、轻纺等很多领域得到了广泛应用。

AutoCAD 软件是伴随着 CAD 技术的成熟,为适应 CAD 技术在 PC 机的应用而开发的。最初的软件可以免费复制,并且其本身是开放式系统,使软件得到很快的传播和完善,并随着 PC 机的迅速发展而不断发展。

AutoCAD 第一个版本在 1982 年发布,容量为一张 360 KB 的软盘,无菜单,命令需要记忆,其执行方式类似 DOS 命令,现在的最新版本为 AutoCAD 2016。

为了适应各行业的应用,Autodesk 分别开发了 AutoCAD 机械、电子、建筑设计方面的专用版本。随着兼并若干三维建模软件、工程设计软件公司,各种新的 CAD 技术、新的工程设计思想不断融入 Autodesk 公司的 CAD 软件功能中,并推出了若干新的软件。相关信息可查看 Autodesk 公司网站。

在国内,AutoCAD 软件拥有众多客户,是市场占有率最高的平面工程图设计软件,在很多专用领域中若干单位在 AutoCAD 软件基础上进行二次开发,设计了自己的专用工程设计软件。

本书主要介绍如何利用 AutoCAD 2016 软件绘制土木工程图。

任务 2 启动软件,熟悉用户界面

软件安装后,用鼠标双击桌面快捷方式图标 **A**,或在 Windows【开始】菜单中找到 AutoCAD 2016,单击启动。AutoCAD 2016 启动后的用户界面如图 1-1 所示。

如图 1-2 所示,将鼠标放到界面的左上角"工作空间"工具栏,点击下拉箭头,通过选择不同的选项:【草图与注释】【三维基础】【三维建模】,可以改变用户界面的显示,此时选择采用系统默认设置。

1. 标题栏

启动后界面的最上方为标题栏,用于显示当前正在运行的程序名及文件名等信息。界面左侧显示的是图标、程序名、文件名(第一次启动后 AutoCAD 自动建立的文件名为 Drawing1. dwg)。单击标题栏右侧的标准控制按钮,可以最小化、最大化、关闭应用程序窗口,如图 1-3 所示。

AutoCAD基础知识

通过学习,使学生理解 AutoCAD 2016 的基本功能,熟悉软件界面的组成部分及其功能,能够快速找到命令的位置,掌握对图形文件等进行管理的操作方法。

(1) 了解 AutoCAD 的基本功能。

(2) 熟悉 AutoCAD 的界面组成。

(3) 掌握 AutoCAD 的基本操作方法。

(4) 学会图形文件管理。

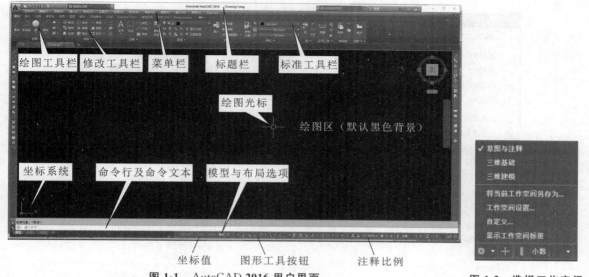

图 1-1　AutoCAD 2016 用户界面　　　　图 1-2　选择工作空间

图 1-3　标题栏

2. 菜单栏

标题栏下的菜单栏共有 13 个主菜单,分别为:文件、编辑、视图、插入、格式、工具、绘图、标注、修改、参数、窗口、帮助、Express,如图 1-4 所示。

图 1-4　菜单栏

用鼠标或键盘可以选择各主菜单,以及各主菜单下的命令,从而完成各种图形绘制、编辑的操作。AutoCAD 2016 菜单下的选项几乎包括所有的运行命令。

主菜单下的菜单有些是多级菜单,即菜单右侧带有"＞"提示符的就表示带有下一级子菜单,可通过鼠标或键盘方向键来选择各菜单。如图 1-5 所示为【绘图(D)】菜单,图 1-6 所示为【绘图(D)】菜单下的命令【圆(C)】中的子菜单。

各菜单下常用命令简介如下。

(1) 文件:文件管理命令,如新建、打开、保存、打印、输出、输入等。

(2) 编辑:文件编辑命令,如复制、粘贴、放弃、重做等。

(3) 视图:视图控制命令,如平移、缩放等。

(4) 插入:将各种外部文件插入当前文件中,实现共享。

(5) 格式:绘图格式设置命令,如图层、绘图单位、文字、尺寸标注、线型、图形界限等。

(6) 工具:各种绘图辅助工具设置命令。例如,查询距离、面积;设置绘图时的对象捕捉(草图设置);外部程序连接命令;绘图系统默认参数设置等。

(7) 绘图:最常用命令之一,包括二维绘图及三维绘图命令,如直线、射线、多段线、圆、椭圆、文字等。

(8) 标注:对工程进行尺寸标注命令,如线性标注、角度标注、半径标注等。

 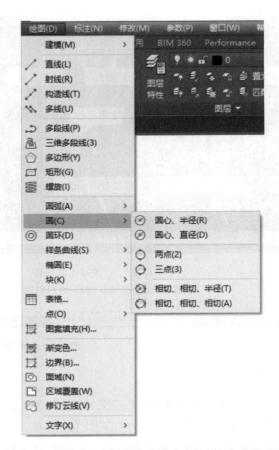

图 1-5　【绘图(D)】菜单　　　　　图 1-6　【绘图(D)】菜单下【圆(C)】选项下的子菜单

（9）修改：最常用命令之一，对绘制的二维、三维图形、图元进行编辑修改，可完善图形，使得图形绘制更简便。例如，删除、复制、镜像、阵列等。

（10）窗口：对文件窗口排列方式进行控制，切换显示打开的多个绘图文件。

（11）帮助：软件使用的帮助学习信息。

3. 工具栏

AutoCAD 提供的工具栏很多，这些工具栏是应用程序调用命令的另一种方式，包含许多由图标表示的命令按钮。

在默认条件下，将光标移动到工具栏上某图标上，停留 1 秒后，图标代表的绘图命令提示栏便会出现。

1）"标准"工具栏

"标准"工具栏包括新建、打开、保存、编辑，命令恢复、撤销，视图缩放、平移等等常用命令，如图 1-7 所示。

图 1-7　"标准"工具栏

2)"工作空间"工具栏

"工作空间"工具栏如图1-8所示。工作空间是菜
单、工具栏、选项板和控制面板的集合的绘图环境。可

图1-8 "工作空间"工具栏

以将上述绘图环境命名保存为"×××"工作空间。
AutoCAD 2016的系统默认设置了三种工作空间:【草图与注释】【三维基础】【三维建模】。我们
通常采用【草图与注释】工作空间。

3)"图层"工具栏

"图层"工具栏如图1-9所示,用于对图层进行设置、修改、显示等操作命令。

图1-9 "图层"工具栏

4)"样式"工具栏

"样式"工具栏如图1-10所示,用于设置选择"文字""尺寸标注""表格""多重引线"等样式。
一般绘图不作修改。

图1-10 "样式"工具栏

5)"特性"工具栏

"特性"工具栏如图1-11所示,用于设置图形的颜色、线型、线宽、打印方式属性。该工具栏
一般情况不进行改动。默认打印属性(样式)与颜色关联,呈灰色显示。

图1-11 "特性"工具栏

在工具栏上右击,会弹出工具栏配置选择面板,工具栏名称前带有"√"符号的为选择显示
使用的工具栏。工具栏的具体内容可根据自己的操作习惯自行定义。

6)"绘图"工具栏

"绘图"工具栏如图1-12所示,其默认显示的命令包括大多数平面几何图形绘制命令,以及
"图案填充"、"面域"、"表格"、"多行文本"命令等。默认位置在绘图区的上方左侧,当鼠标放到
"拖移"标记上,按住左键拖动鼠标可控制工具栏所在位置;当工具栏临近四周边界时,会自动停
靠。所有的工具栏都可以通过这种方式控制其在用户界面上的位置。

图1-12 "绘图"工具栏

7)"修改"工具栏

"修改"工具栏如图1-13所示,其默认显示的命令包括多数的平面几何图形编辑命令,默认
位置在绘图区的右侧。它是最常用的工具栏之一。

8)"绘图次序"工具栏

"绘图次序"工具栏如图1-14所示,通过工具栏上的相应命令,可以更改多个对象的绘图顺

序(如显示顺序和打印顺序)。

图 1-13 "修改"工具栏　　　　　　　　　　　图 1-14 "绘图次序"工具栏

4. 绘图区

默认绘图工作显示区域的背景颜色为黑色,可右击绘图区空白处,在弹出的快捷菜单中选择【选项(O)…】命令,如图 1-15 所示,或选择【工具】/【选项】命令,弹出【选项】对话框,在【显示】选项卡中点击【颜色(C)…】按钮,根据需要改变背景颜色,如图 1-16 所示。

图 1-15 右键快捷菜单　　　　　　　　　　　图 1-16 【选项】对话框

> **注意:** 为了方便操作,AutoCAD 提供鼠标右键快捷菜单,其内容会随绘图的过程而改变,需要在实际使用中逐渐体会。熟用鼠标右键可以大大提高工作效率。

5. 坐标系统

坐标原点默认在屏幕左下角,X 轴向右为正、向左为负,Y 轴向上为正、向下为负,Z 轴垂直向用户为正、反之为负,关于坐标的相关操作将在后面的内容作进一步讲解。

6.【模型】和【布局】选项卡

在绘图区的左下方,有【模型】和【布局】选择卡,可用鼠标点击来切换。

【模型】空间用于绘制编辑图形;【布局】空间是用来模拟图纸排版绘制的图形,进而控制打印效果。

7.命令提示行及命令输入行

【模型】和【布局】选项卡的下面是命令提示行及命令输入行,如图1-18所示。命令行窗口位于绘图窗口的底部,用于接收用户输入的命令,并显示 AutoCAD 2016 各命令的提示信息,根据提示可进行下一步操作。该窗口可以拖放为浮动窗口。命令行可以在最下面的提示符【命令:】后直接输入命令进行绘图操作,这是 AutoCAD 最初和至今仍然经常使用的操作方式。输入命令,按回车键(或按空格键)确认,退出命令可直接按 Esc 键。如图1-19所示为输入【Line】命令后,出现的操作提示信息。

输入行的上方是使用命令的历史记录,可用鼠标左键拖曳上方的分隔条改变整个区域的大小,也可以按 F2 键使命令提示行和命令历史记录在单独窗口中显示。

| 图 1-17　【模型】和【布局】选项卡 | 图 1-18　命令输入及提示行 | 图 1-19　命令提示及命令历史 |

8.程序状态栏

用户界面的最下方为程序状态栏,显示内容可通过右侧按钮设置,如图1-20所示。

程序状态栏中从左向右依次为"光标坐标值"显示区、辅助绘图工具按钮,这些项目可通过单击鼠标右键进行设置;以及显示缩放"注释"的若干按钮、工具栏及窗口锁定设置按钮、状态栏显示设置按钮、全屏绘图按钮等。

状态栏显示内容设置

图 1-20　状态栏

"注释"缩放比例的应用:文字、尺寸标注等(注释对象)可设置成具有若干注释比例,可根据需要选择某一比例进行显示或打印。

任务 3　建立、打开、保存文件

启动 AutoCAD 2016 软件时,系统会自动建立一个新文件 drawing1.dwg,实际使用时还需建立其他新文件。

一、建立新文件

1. 命令调用

（1）选择【文件】/【新建】命令。

（2）在"标准"工具栏中点击 按钮。

（3）在命令行中输入"new"，并按回车键。

命令启动后，弹出【选择样板】对话框，如图 1-21 所示。

2. 建立方式

1）使用样板（模板）文件

图形样板文件包含标准设置（其扩展名为.dwt）。如图 1-21 所示，选择【acadiso.dwt】样板文件，其为单位为毫米、A3 图纸幅面的样板文件。在图 1-21 所示的对话框中点击【打开(O)】按钮，即以样板文件为基础建立了一个新文件。

当需要创建使用相同尺寸和基本设置的多个图形时，通过创建或自定义样板文件即可，而不需要每次启动时都重新设定。通常存储在样板文件中的惯例和设置包括：单位类型和精度、标题栏、边框和徽标、图层名、捕捉、栅格和正交设置、图形界限、标注样式、文字样式、线型等。

可选择【工具】/【选项】命令，在弹出的【选项】对话框中选择【文件】选项卡，在其中可以修改 AutoCAD 启动默认使用的样板文件，如图 1-22 所示。

图 1-21 【选择样板】对话框   图 1-22 设置【选项】对话框

2）无样板打开

在【选择样板】对话框右下角的【打开(O)】按钮右侧有一个下拉箭头，点击此箭头按钮，可以在下拉列表中选择【无样板打开-英制(I)】或【无样板打开-公制(M)】，如图 1-23 所示。

二、打开文件

1. 命令调用

（1）选择【文件】/【打开】命令。

（2）在"标准"工具栏中点击 ![] 按钮。

（3）在命令行输入"open"，并按回车键。

命令执行后会弹出【选择文件】对话框，可根据需要在文件夹中选择文件，右侧会出现文件预览窗口，如图1-24所示。

图1-23　无样板选择建立文件　　　　　　图1-24　"打开文件"对话框

2. 打开方式

在【选择文件】对话框中，点击【打开(O)】按钮旁边的下拉箭头，可以在弹出下拉列表中选择【局部打开】或【以只读方式打开】。

三、保存文件

保存文件的命令调用方式如下。

（1）选择【文件】/【保存】命令。

（2）在"标准"工具栏中点击 ![] 按钮。

（3）在命令行中输入"save"，并按回车键。

如果是对之前的图形进行保存并命名，则再次做的任何更改都将重新进行保存。如果是第一次保存图形，则会弹出【图形另存为】对话框，如图1-25所示。

点击【文件类型(T)】文件框右侧的箭头，可选择文件保存类型或版本。AutoCAD图形保存时的后缀为".dwg"。

如要备份当前已保存的图形文件，可以直接选择【另存为】命令。

任务 4 缩放、平移视图

实际绘图或打开某一图形时,图形显示的大小及其所在位置往往不能满足观察的要求,这时需要对显示内容进行适当的缩放或平移。

1. 命令调用

(1) 选择【视图】/【缩放】命令。
(2) 在界面右侧的"工具栏"中点击缩放按钮。
(3) 在命令行中输入"zoom",并按回车键。
(4) 鼠标右键快捷方式菜单中选择缩放命令。

2. 快捷操作方式

(1) 滚动鼠标中键滚轮可以实现实时缩放。其中,向前滚动为放大,向后滚动为缩小。
(2) 在绘图区中右击,弹出右键快捷菜单,选择【缩放(Z)】命令,如图 1-26 所示,按 Esc 键或回车键退出;或在缩放时单击右击,在弹出的快捷菜单中选择【退出】命令退出缩放,或通过其他选项进行操作,如图 1-27 所示。
(3) 在命令行输入【zoom】,按回车键或空格键后,命令提示如下。

> 指定窗口角点,输入比例因子(nX 或 nXP),或[全部(A)/中心(C)/动态(D)/范围(E)/上一个(P)/比例(S)/窗口(W)/对象(O)]< 实时>:

说明:AutoCAD 命令提示内容说明了当前命令状态下可进行的操作,"或"之前的提示内容可直接操作,"或"之后的操作需选择确认。

图 1-25 【图形另存为】对话框   1-26 鼠标右键快捷菜单   图 1-27 缩放中再次使用鼠标右键的快捷菜单

在上述命令行提示下,可进行如下操作。

（1）用鼠标单击绘图区域内某一点（即"指定窗口角点"）可以拖曳出一个窗口，可对窗口区域内图形进行缩放。

（2）分别输入"2x"、"2xp"或"2"，确认后分别实现将对象在模型空间显示放大2倍。其中，"2x"表示相对于当前可见视图入大2倍，"2xp"表示相对于原来的图纸空间单位放大2倍，"2"表示显示原图的2倍（相对于图形界限缩放）。

（3）命令提示行最后带有"＜×××＞"的内容，为AutoCAD默认当前待确认选择的操作。例如，上述命令行提示最后为"＜实时＞"，则按回车键或空格键后，将进行实时缩放。要选择其他方式，如"全部（A）"，可在命令提示行输入该命令后面的英文字母A，按回车键或将空格键后将进行全部缩放。

常用命令选项的功能介绍如下。

（1）全部（A）：当图形在图形界限内时（如A3幅面420mm×297mm），缩放到整个图形界限区域；当图形超出图形界限时，缩放显示全部图形。

（2）范围（E）：使所有对象显示为最大状态。

（3）上一个（P）：缩放显示上一个视图。最多只可恢复此前的10个视图。

（4）比例（S）：按照给定的比例因子缩放显示。

（5）窗口（W）：缩放显示由两个角点定义的矩形窗口框定的区域。

（6）对象（O）：缩放以便尽可能大的显示一个或多个选定的对象并使其位于绘图区域的中心。可以在启动zoom命令前后选择对象。

（7 实时：拖动鼠标进行内交互缩放。按Esc键或回车键退出，或右击鼠标显示快捷菜单。光标将变为带有加号（＋）和减号（－）的放大镜，其中（＋）为放大，（－）为缩小。

选择【视图】/【缩放】下的各选项或点击"标准"工具栏中的按钮可实现缩放的全部功能。按住"窗口缩放"按钮右下角三角形符号，可选择其他操作。

确认命令操作可按回车键或空格键，也可单击鼠标右键。取消命令可按Esc键，有时需要按Esc键两次，或在右键快捷菜单中选择放弃或取消命令。

按住鼠标滚轮，拖动图纸，可对整个图纸进行平移。

习　题

一、思考题

1.AutoCAD 2016的工作界面由哪几部分组成？

2.在AutoCAD 2016中如何调出所需的工具栏？

3.AutoCAD 2016中常用的命令输入方式有哪几种？

二、操作题

1.如何调出尺寸"标注"和"修改"工具栏。

2.根据自己的需要将AutoCAD 2016中的文件保存路径及保存时间重新设置。

3.如何显示/隐藏菜单栏。

学习情境 2

绘制图形前的准备工作

教学目标

通过学习，应掌握中文 AutoCAD 2016 绘图环境的设置，坐标系的使用、创建方法、状态控制以及运用坐标输入法精确制图等。

教学重点与难点

(1) 绘图环境的基本设置。

(2) 坐标系绘图。

(3) 运用坐标输入法精确绘图。

任务 1 初次绘图前的准备工作

初次绘图时应对 AutoCAD 绘图环境进行基本的设置,以达到绘图要求,如单位、绘图范围(图形界限)等。

一、设置绘图单位

在 AutoCAD 2016 中,习惯采用 1∶1 的比例因子绘制图形,因此,所有的直线、圆和其他对象都可以以真实大小来绘制,需要打印出图时,再将图形按照图纸大小进行缩放。正确的绘图及打印输出需掌握绘图单位的设置。

其命令调用的方法如下。

(1)单击菜单浏览器按钮 ,选择【图形实用工具】/【单位】命令。

(2)在命令行中输入"units",并按回车键。

命令启动后,弹出【图形单位】对话框,如图 2-1 所示。在【图形单位】对话框中可以设置绘图时使用的长度、角度单位,以及在各选项中可适用的单位格式和精度。通常选择长度类型为【小数】,精度选择为【0.0000】。角度单位一般不作修改。

点击对话框下方【方向(D)…】按钮,弹出【方向控制】对话框,如图 2-2 所示,默认基准角度为【东(E)】,角度以逆时针为正,通常使用默认设置,不作修改。

图 2-1 【图形单位】设置对话框

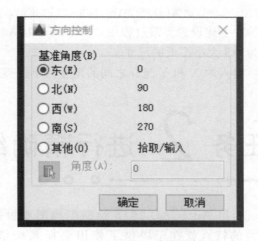

图 2-2 【方向控制】对话框

二、设置图形界限

在进行图形绘制时，用户要在模型空间中设置一个假定的矩形绘图区域，称为图形界限，用于规定当前图形的边界和控制边界的检查。

结合"图形界限"和"缩放"命令，可以使初始绘图显示范围在设想的范围内。

1. 命令调用

在命令行中输入"limits"。命令执行后，命令行提示如下。

指定左下角点或［开(ON)/关(OFF)］< 0.0000,0.0000>： //此时可进行坐标输入

2. 命令选项的功能

（1）指定左下角点：用于指定栅格界限的左下角点。

（2）开(ON)：打开界限检查。当界限检查打开时，将无法输入界限外的点。在界限外也无法进行复制、粘贴等操作，因为界限检查只测试输入点，所以对象（如圆等）的某些部分可能会延伸出栅格界限。

（3）关(OFF)：将禁止图形界限检查，可以在图形界限之外绘图。

3. 具体操作

（1）在命令行中输入命令"limits"，重新设置模型空间界限，命令行提示如下。

指定左下角点或［开(ON)/关(OFF)］< 0.0000,0.0000>： //默认左下角为(0,0)，按回车键确定
指定右上角点 < 420.0000,297.0000>： //默认右上角为(420,297)

（2）在命令行中输入命令"zoom"，命令行提示如下。

指定窗口的角点，输入比例因子（nX 或 nXP），或者［全部(A)/中心(C)/动态(D)/范围(E)/上一个(P)/比例(S)/窗口(W)/对象(O)］< 实时>：a //输入字母 A 回车完成缩放全部

在上述设置界限过程中，"420,297"为 A3 图纸的尺寸，选择【全部(A)】命令，屏幕中显示的即为 A3 大小图纸的尺寸。

输入的 X 和 Y 坐标之间的逗号为半角英文符号，如在中文输入状态，则标点符号无效。

任务 2 进行精确绘图

利用 AutoCAD 2016 绘制工程图要根据实物真实大小进行准确绘制，AutoCAD 软件最大的特点就在于提供了使用坐标系统精确绘图的方法，用户可以准确地设计并绘制图形。

一、使用坐标

1. 坐标系统

AutoCAD 中有两个坐标系统：一个是被称为世界坐标系（WCS）的固定坐标系，其为所有新建图形的默认坐标系；另一个是被称为用户坐标系（UCS）的可移动坐标系，新建图形中未修改过的默认用户坐标系与世界坐标系重合。绘图区的坐标系为世界坐标系。

通常在二维视图中，WCS 的 X 轴水平，Y 轴垂直。WCS 的原点为 X 轴和 Y 轴的交点（0,0）。但是，很多时候创建相对于世界坐标系的用户坐标系（UCS）来绘制和编辑图形更方便。

2. 坐标输入

精确绘制图形可采用的输入坐标的方法有四种，分别是绝对、相对直角坐标，以及绝对、相对极坐标。下面将四种方法应用到画线命令（Line）中。

1）绝对直角坐标

要使用绝对直角坐标指定点，应输入以逗号分隔的 X 值和 Y 值（X,Y）。X 值是沿水平轴以单位表示的正的或负的距离。Y 值是沿垂直轴以单位表示的正的或负的距离。

启动画线命令的方法有：①在命令行中输入"line"；②在"绘图"工具栏点击 按钮；③选择【默认】/【绘图】/【直线】命令。利用绝对直角坐标绘制如图 2-3 所示的三角形，命令执行过程如下。

命令:line	//启动命令 line
指定第一点:30,20	//第一点坐标
指定下一点或[放弃(U)]:60,20	//第二点坐标
指定下一点或[放弃(U)]:60,40	//第三点坐标
指定下一点或[闭合(C)/放弃(U)]:c	//闭合图形

绘制平面图形时，可以不输入 Z 坐标值，平面图 Z 坐标值默认为 0。

2）相对直角坐标

多数情况下，用户需要直接通过点与点之间的相对位移来绘制图形，绘图时重要的是图形的准确性，位置并不十分重要。

因此 AutoCAD 2016 提供了相对坐标的输入方法，即基于上一输入点的输入方法。如果知道某点与前一点的位置关系，可以使用相对 X,Y 坐标。

要使用相对坐标法输入坐标值，需要在坐标前面添加一个@符号。例如，输入"@5,7"指定一点，此点沿 X 轴方向有 5 个单位相对位移，沿 Y 轴方向距离上一指定点有 7 个单位相对位移。

利用画线命令，输入相对坐标绘制如图 2-3 所示的三角形过程示例如下。

命令:line	//启动画线命令
指定第一点:	//在此提示下，在绘图区用鼠标点任点选一点
指定下一点或[放弃(U)]:@ 30,0	//第二点相对第一点水平向右 30 个单位
指定下一点或[放弃(U)]:@ 0,20	//第三点相对第二点垂直向上 20 个单位
指定下一点或[闭合(C)/放弃(U)]:c	//封闭绘制的图形

3）绝对极坐标

绝对极坐标是利用距离和角度定位。默认的极点在直角坐标的原点(0,0)上,距离是指相对于极点即远点的距离,极轴方向为水平向右,即 X 轴正方向,角度以逆时针为正。

要使用极坐标绘制一点,需输入小于号"＜"将距离和角度分开。例如,输入"80＜45",表示距离极点 80 个单位,位置逆时针 45°方向。

角度可以为负值。例如,输入"1＜330"和"1＜－30"代表相同的点。

用画线命令,输入绝对极坐标绘制如图 2-4 所示的三角形的命令过程如下。

命令:line	//启动画线命令
指定第一点:30＜ 30	//第一点极坐标
指定下一点或 [放弃(U)]:50＜ 45	//第二点极坐标
指定下一点或 [放弃(U)]:30＜ 60	//第三点极坐标
指定下一点或 [闭合(C)/放弃(U)]:c	//封闭图形

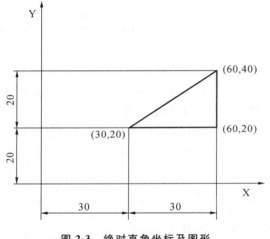

图 2-3　绝对直角坐标及图形

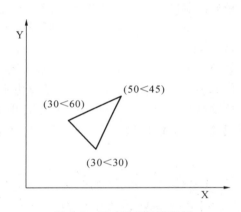

图 2-4　绝对极坐标及图形

4）相对极坐标

相对极坐标与相对直角坐标类似,只是两个相对坐标变成了相对距离与相对角度,输入时在坐标之前添加一个@符号。例如,输入"@10＜45"指定一点,此点距离上一指定点 10 个相对单位,并且与上一点为极点的极轴成 45°。

二、动态输入

"动态输入"功能在光标附近提供了一个命令界面,显示操作相关的信息,并随命令的不同和光标的位置的改变,其内容也会改变,可以直接在此界面上确定各种命令选择。

1. 设置"动态输入"

单击状态栏上的"Dyn"  按钮(界面下方)来打开和关闭"动态输入"功能。"动态输入"有三个功能:指针输入、标注输入和动态提示。右击"Dyn"按钮,在弹出的快捷菜单中选择【设置】命令,弹出【草图设置】对话框,在【动态输入】选择卡中进行设置,如图 2-5 所示。

（1）指针输入：勾选【启用指针输入(P)】复选框，在执行命令时，十字光标的位置将在光标附近的工具栏提示中显示为坐标。用户可以在工具栏提示中输入坐标值，而无须在命令行中输入。

（2）标注输入：选中【可能时启用标注输入(D)】复选框，工具栏提示将显示距离和角度值。

（3）动态提示：选中【随命令提示显示更多提示(I)】复选框，可以在工具栏提示而不是命令行中输入命令，以及对提示做出响应。

2. 输入坐标、确定命令选项

"动态输入"的默认状态下，绘图第一点可输入绝对坐标或直接用鼠标定点，第二点为相对极坐标值。当出现坐标提示时，按 Tab 键切换距离与角度值，也可以在输入坐标前输入"♯"和"@"字符分别代表绝对坐标和相对坐标。当出现命令提示，用上下方向键选择命令。

输入坐标或选择命令的三个键为：① ♯ 表示点的绝对坐标；② @ 表示点相对坐标（与命令行输入方式相同）；③Tab 键用于坐标值间切换。

三、自动捕捉图形上的特征点

使用"对象捕捉"功能可以利用已经绘制的图形上的几何特征点定位新的点，即在绘图过程中移动鼠标时，距离图形上的特征点（如端点、中点、圆心、垂足等）较近时，会出现提示，在提示点上点击鼠标后使点位于特征点上，而不用输入坐标。

对象捕捉选项较多，下面仅介绍使用【草图设置】下的自动捕捉功能。

1. 设置自动捕捉特征点

其命令调用的方法如下。

（1）选择【工具】/【草图设置】命令。

（2）在状态栏中点击【对象捕捉】按钮。

（3）在命令行输入"osnap"。

（4）按【Shift】键或【Ctrl】键，并右击，在弹出的快捷菜单中选择相应的命令。

弹出的【草图设置】对话框如图 2-6 所示。在【对象捕捉】选项卡中，选择要使用的对象捕捉模式。如图 2-7 所示为绘图时自动捕捉中点的显示状态。

AutoCAD 软件也有专门的"对象捕捉"工具栏，点击 图标右侧的【▼】按钮即可，如图2-8所示。

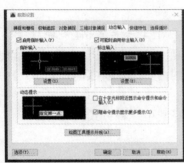

图 2-5 【动态输入】选项卡

图 2-6 【对象捕捉】选项卡

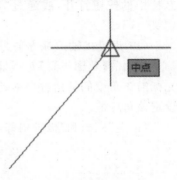

图 2-7 绘制直线时自动捕捉中点

图 2-8 "对象捕捉"工具栏

四、控制光标

AutoCAD 提供了若干工具可以控制光标移动,以方便绘图。

1. 栅格和栅格捕捉

点击栅格按钮,可以使绘图区显示栅格,栅格捕捉也可以强制使绘图点位于栅格点上,栅格的行间距可以进行设置。

其命令调用的方法如下。

(1) 选择【工具】/【草图设置】命令。

(2) 在状态栏点击【显示图形栅格】▦、【捕捉模式】▦ ▾ 按钮。

(3) 在命令行输入"dsettings",然后选择【捕捉和栅格】命令。

弹出的【草图设置】对话框如图 2-9 所示。在【捕捉和栅格】选项卡中,可以设置栅格间距及捕捉间距。栅格模式和捕捉模式经常同时打开,并使二者的间距相同。

设置栅格后若看不到效果,可以执行缩放全部命令。

2. 正交追踪

启动"正交模式"功能可以将光标限制在水平或垂直方向上移动(即平行于 X 或 Y 轴),这样可以更精确的绘图。

其设置方法为:① 点击界面下方的"正交"┗ 按钮;② 右击界面下方的"正交"┗ 按钮,在弹出的快捷菜单中选择【开】命令。

3. 极轴追踪和极轴捕捉

"极轴追踪"模式的打开和关闭与状态栏上其他绘图辅助工具类似,可以通过界面底部状态栏中的按钮打开,或通过"F10"键来控制。打开后,追踪线由相对于起点和端点的极轴角定义。

(1) 设置极轴追踪方法为:① 选择【工具】/【草图设置】命令;② 在状态栏点击【极轴】按钮。

弹出的【草图设置】对话框如图 2-10 所示。在【极轴追踪】选项卡中,设置【增量角(I)】可使光标沿该角度的倍角方向移动,如果要移动光标的方向不在此范围内,可单独在【附加角(D)】中设定该角度值。

"正交"模式和"极轴追踪"不能同时打开,绘图时根据需要选择其中一种方式。

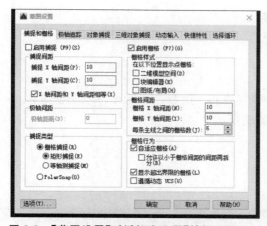 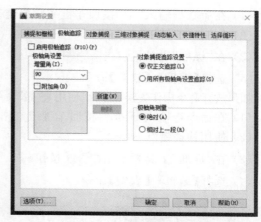

图2-9 【草图设置】对话框中设置【捕捉和栅格】　　　　图2-10 设置【极轴追踪】

（2）使用极轴捕捉步骤如下。

① 打开【草图设置】对话框。

② 在【捕捉和栅格】选项卡中，选择【启用对象捕捉（F3）（O）】复选框。

③ 在【捕捉和栅格】选项卡中，选择【Polar Snap（O）】单选框。

④ 在【捕捉和栅格】选项卡中，在【极轴间距】选项组的【极轴距离（D）】文本框中，输入极轴距离。

⑤ 在【极轴追踪】选项卡中，选择【启用极轴追踪 F（10）（P）】复选框。

4. 直接输入光标所在的角度

在绘图命令提示指定点时输入角度符号＜，其后输入一个角度值。下面以画线命令（line）说明使用方法。

```
命令：_line 指定第一点：              //用鼠标在绘图区任点一点
指定下一点或［放弃(U)］:< 30         //输入要确定光标的角度
角度替代:30
指定下一点或［放弃(U)］:100          //输入在确定角度上相对于第一点的距离
指定下一点或［放弃(U)］:             //按回车键完成绘制
```

任务 3 灵活进行命令操作

AutoCAD 在操作上与很多软件一样，会记录用户的命令操作历史，在出现误操作时，可以后退一步操作，方便修改。同时，AutoCAD 也具备其他绘图软件编辑图形的方法，可以先选择图形，再执行编辑命令。

一、放弃和重做

当在绘图时出现操作失误，可以使用放弃命令，具体方法如下。

（1）在命令行输入"u"，按回车键或空格键确认。

（2）使用快捷键"Ctrl＋Z"。

（3）在"标准"工具栏点击 ← 按钮。

（4）选择【编辑】/【放弃】命令。

如果放弃命令操作失误，还可以使用"重做"命令恢复被上一步"放弃"的命令，具体方法如下。

（1）在命令行输入"redo"，按回车键或空格键确定。

（2）使用快捷键"Ctrl＋Y"。

（3）在"标准"工具栏点击 → 按钮。

（4）选择【编辑】/【重做】命令。

二、用鼠标选择图形对象的方式

1. 逐个选择对象

逐个选择对象的方法有：① 用鼠标直接点取；② 在命令行提示下，出现鼠标拾取标记时，点击选取对象。

2. 用矩形区域选择多个对象

1）窗口选择

直接用鼠标在要选择的图形左侧点击，向右侧移动，使形成的矩形区域包含所有要选择的图形，如图 2-11 所示。

2）交叉选择

用鼠标在要选择的图形右侧点击，向左侧移动，使形成的矩形边线与要选择的图形相交或使矩形区域包含图形，即可以使用相交的方式选择图形，如图 2-12 所示。

图 2-11　窗口选择对象　　　　　　　　图 2-12　交叉选择对象

AutoCAD 软件编辑图形时，还有其他选择方式，可以参照软件的帮助文档进行学习。

三、编辑图形的两种方式

AutoCAD 编辑图形时可以先选择相应的命令，再选择图形。也可以以相反过程进行操作，即先选择图形，再选择相应的命令。

下面以"删除"命令为例来说明两种操作方式。

1. 先启动命令后选择对象

（1）启动"删除"命令，其命令调用方法为：① 选择【修改】/【删除】；② 在"修改"工具栏点击按钮；③ 在命令行输入"erase"。

（2）在出现命令行提示【选择对象：】后，逐个选择或采用窗口方式或交叉方式选择对象。

（3）选择完成后，按回车键或空格键，也可以通过右击来确定结束命令。

启动"删除"命令后，可以输入"L"或"ALL"，确认后选择最后一个绘制的图形或全部图形。

2. 先选择对象后执行命令

（1）利用前述的方法选择要删除的对象，图形控制点变
成蓝色（夹点），如图 2-13 所示。

（2）启动"删除"命令，或直接按"Delete"键。

用鼠标单击夹点，夹点变成红色的"热点"后，可以直接进
行图形编辑工作。

图 2-13　直接选择图形后出现"夹点"

上机练习

练习目的　熟悉操作界面，能够设置基本的绘图环境，学会文件的保存和重命名。

练习内容　（1）设置"工作空间"。

（2）设置"图形单位"。

（3）设置"绘图界限"，并绘制 A3 图纸图幅线（420,297 边界）。

（4）用学号命名并保存文件。

步骤　（1）双击图标启动软件，在【新建】对话框中，选择【acadiso.dwt】模板。

（2）设置"工作空间"。

① 在界面中右击，在弹出的快捷菜单中选择【选项】命令，弹出【选项】对话框，如图 2-14 所示。点击
【配置】选项卡，在界面右侧点击【重置(R)】按钮，在弹出的如图 2-15 所示的对话框中点击【是(Y)】按钮，
完成恢复 AutoCAD 软件默认绘图环境工作。

图 2-14　【选项】对话框中的【配置】选项卡

图 2-15　确认配置对话框

② 点击界面左上方"工作空间" ⚙ 草图与注释 ▼ 工具栏右侧的箭头，在下拉列表中选
择【草图与注释】；关闭【设计提要】。

（3）设置【图形单位】和【绘图界限】。

① 单击菜单浏览器按钮 ，选择【图形实用工具】/【单位】命令，弹出【图形单位】对话框，将【长度】选项组的【精度(P)】设置为【0.00】，设置【用于缩放插入内容的单位】为【毫米】，如图 2-16 所示。

② 选择【格式】/【图形界限】命令，命令启动后可在命令提示行或"动态输入"的输入框内完成操作过程。命令行输入过程如下。

重新设置模型空间界限：

指定左下角点或［开(ON)/关(OFF)］< 0,0> ：　　　//默认左下角坐标远点"0,0"

指定右上角点 < 0,0> :420,297　　　　　　//右上角输入"420,297"

图 2-16　设置【图形单位】对话框

（4）保存文件。

选择【文件】/【另存为】命令，将【drawing1.dwg】改为【学号.dwg】，选择用于保存文件的文件夹，点击【保存】按钮即可。

习　题

一、问答题

1.配置绘图环境有哪些基本步骤？

2.简述如何在【选项】对话框中设置绘图区的背景颜色。

3.如何改变光标的大小和长短？

二、操作题

1.设置一个图形单位，要求长度单位为小数点后两位，角度单位为十进制度数小数点后两位。

2.新建绘图界面并对其进行设定。

学习情境 3

使用AutoCAD绘制基本图形

通过学习本章内容,使学生掌握 AutoCAD 2016 的各种基本图元以及组合图形的绘图方法,掌握绘图基本的技能,并灵活运用绘图工具栏中的命令。

■ 教学重点与难点

(1)使用坐标法精确绘制二维图形。

(2)运用点、直线、射线、构造线和多线等命令绘图。

(3)运用矩形、正方形、圆、圆弧、椭圆和椭圆弧、圆环、云线、螺旋线等命令绘图。

(4)图案填充及渐变色填充的运用。

使用 AutoCAD 能够高效快捷的绘制各种二维平面图形,熟练掌握本学习情境的基本绘图命令才能绘制出复杂的几何图形、平面图等,本学习情境将详细介绍各种常用绘图命令的使用方法。

绘制基本图形的步骤是:① 启动相应绘图命令;② 根据操作提示用键盘和鼠标输入或是点击目标点,得到所需图形元素或是组合成复杂的图形对象。

在使用 AutoCAD 2016 时,使用图形命令的方法有以下几种:① 在"绘图"工具栏(如图 3-1 所示)中启动;② 在【绘图(D)】菜单中启动,如图 3-2 所示;③ 在命令行中输入相应的绘图命令。以上三种方法的效果是完全相同的,用户可根据自身情况选择合适的绘图方法。通常情况下,使用"绘图"快捷工具栏操作最简便,另外两种方法中,绘图命令最全面,包含了所有的绘图命令,通常在快捷工具栏中没有相应的绘图图标时会采用。

图 3-1　"绘图"工具栏　　　　　　图 3-2　【绘图(D)】菜单

任务 1　点坐标的输入方法

使用 AutoCAD 2016 精确绘制二维图形的关键是确定点的坐标,即直接输入点的坐标值,除此之外,还要利用好对象捕捉、栅格捕捉等辅助工具来精确捕捉所需要的点,或者自动追踪目标点。

一、点的坐标

AutoCAD 2016 与其他版本一样,默认的二维绘图平面为 XOY 平面,水平自左向右为 X 轴正方向,垂直自下向上为 Y 轴正方向,坐标原点位于屏幕的左下角。这个默认的坐标系又被称为世界坐标系 WCS。在绘图过程中可以采用绝对坐标和相对坐标两种坐标形式来确定某个点。

1. 绝对坐标

绝对坐标系是指以 WCS 坐标系为依据的坐标定位方法,是以原点(0,0)定位的坐标。如图 3-3(a)所示,A 点的绝对坐标为(3,3),表示 A 点距原点的水平距离 X 为 3,垂直距离 Y 为 3;B 点的绝对坐标为(4,1)表示 B 点距原点的水平距离 X 为 4,垂直距离 Y 为 1。在输入坐标时,X 与 Y 坐标之间用英文逗号","分隔,即"X,Y"的形式。

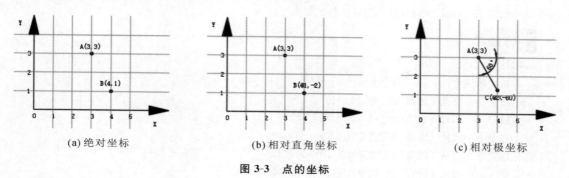

    (a)绝对坐标   (b)相对直角坐标   (c)相对极坐标

图 3-3 点的坐标

2. 相对坐标

在一些特殊情况下,用户需要根据点与点之间的相对位移来确定位置,而不是直接输入点的坐标,这种情况我们就要输入它的相对坐标。相对坐标是 X、Y 的坐标值相对于前一点的偏移量,分为相对直角坐标和相对极坐标(简称极坐标)两种,如图 3-3(b)、(c)所示。

相对直角坐标用坐标的增量来表示,并在前面加一个"@"符号,即"@△X,△Y"。如图 3-3(b)所示,B 点相对于 A 点来说 X 坐标增加了 1 个单位,Y 坐标增加了-2 个单位,因此 B 点对于 A 点的相对坐标应输入为"@1,-2"。

极坐标采用距离和角度表示,形式为"@长度<角度"。如图 3-3(c)所示,C 点相对于 A 点的直线距离为 2 个单位,两点连线与 X 轴正方向顺时针夹角为 60°(角度在坐标系中以逆时针为正,顺时针为负)。因此,C 点相对于 A 点的极坐标输入为"@2<-60"。

如图 3-4 所示,用不同的坐标形式定位边长为 10 的正六边形的各顶点坐标。具体输入方法如下。

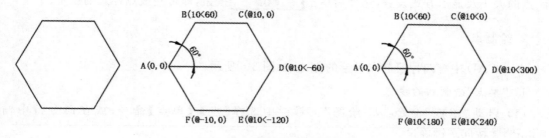

图 3-4 正六边形顶点坐标不同表示方法

方法一

```
命令:LINE
指定第一个点:
指定下一点或[放弃(U)]:@ 10< 60
指定下一点或[放弃(U)]:@ 10,0
指定下一点或[闭合(C)/放弃(U)]:@ 10< - 60
指定下一点或[闭合(C)/放弃(U)]:@ 10< - 120
指定下一点或[闭合(C)/放弃(U)]:@ - 10,0
指定下一点或[闭合(C)/放弃(U)]:c
```

方法二

```
命令:LINE
指定第一个点:
指定下一点或[放弃(U)]:@ 10< 60
指定下一点或[放弃(U)]:@ 10< 0
指定下一点或[闭合(C)/放弃(U)]:@ 10< 300
指定下一点或[闭合(C)/放弃(U)]:@ 10< 240
指定下一点或[闭合(C)/放弃(U)]:@ 10< 180
指定下一点或[闭合(C)/放弃(U)]:c
```

二、点的输入方法

点是构成几何图形最基本的要素,它在图形绘制过程中可直接作为图形节点使用,也可作为绘制其他图形的参考点使用,主要起到标记的作用。

1. 设置点样式

为了避免点在绘图过程中被其他图形遮盖,我们可以对点的形状、大小进行设置,进而突出显示点的位置。具体步骤如下。

(1)选择【格式】/【点样式】命令;或在命令行输入"Ddptype",并按回车键。

(2)执行命令后,弹出【点样式】对话框,如图 3-5 所示。AutoCAD 提供了 20 种点的样式图标、点的大小及显示方式设置,选择后单击 确定 按钮,即可完成点样式的设定。

2. 绘制点

AutoCAD 中有四种绘制点对象的方式,如图 3-6 所示。

1)"单点"绘制点的步骤

(1)启动"单点"命令:从"绘图"工具栏中选择【点】/【单点】命令;或在命令行中输入"Point",并按回车键确定。

(2)指定一点(可坐标输入,也可鼠标点击),按回车键确定。

"单点"命令只能绘制一个点,如果需要绘制其他点,还需重新启动绘制点命令。

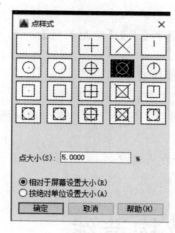

图 3-5 【点样式】对话框   图 3-6   绘制点对象方式

2）"多点"绘制点的步骤

（1）启动"多点"命令：从"绘图"工具栏中选择【点】/【多点】命令。

（2）指定第一点（可坐标输入，也可鼠标点击）：根据点的位置选用适当的绘制方式选取第一个目标点。

（3）连续指定其他点：选用适当的方式连续绘制其他目标点。

"多点"命令可以只输入一次命令连续绘制多个点，绘制结束时按"Esc"键终止命令。

3）"定数等分"绘制点的步骤

（1）启动"定数等分"命令：从"绘图"工具栏中选择【点】/【定数等分】命令；或在命令行中输入"Divide"，并按回车键确定。

（2）点击要等分的线段，即指定要等分的线段对象。

（3）输入要等分的数值，即确定要等分的线段数目，产生符合要求的多点。

如图 3-7（a）所示为对已知线段进行五等分操作。

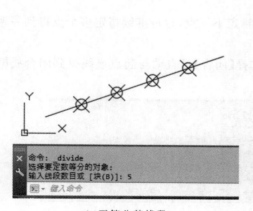

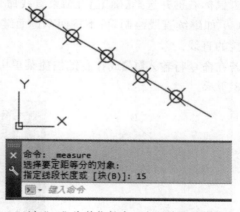

(a)五等分某线段   (b)以"15"为单位长度，定距等分某线段

图 3-7   定数及定距等分线段

4)"定距等分"绘制点的步骤

(1) 启动"定距等分"命令:从"绘图"工具栏中选择【点】/【定距等分】命令;或在命令行中输入"Measure",并按回车键确定。

(2) 点选要等分的线段,即指定要定距等分的线段对象。

(3) 输入数值,确定要等分的每段线段长度,产生符合要求的多点。

例如,已知线段长度不能够被恰好等分,那么最后一段线段的长度与前面线段长度不相等,并且短于要求长度。

如图 3-7(b)所示为以"15"为单位长度,定距等分某线段。

任务 2 直线、射线及构造线

一、直线

直线是各种绘图中最常用的一类图形对象,它是有方向和长度的矢量线段,由位置和长度两个参数确定,只要指定了起点和终点或起点和长度即可绘制一条直线。AutoCAD 通过指定两点的位置来确定一条直线,可根据直线上某两点之间的相对关系选用合适的坐标方式来绘制。具体绘制步骤如下。

(1) 启动绘制直线命令的方法:① 单击"绘图"工具栏的"直线" 按钮;② 选择【绘图】/【直线】命令;③ 在命令行直接输入"Line(L)"并按回车键。

(2) 指定第一点:可以用光标确定第一个端点的位置,也可用输入绝对坐标的方法确定。

(3) 指定下一点,其方法同指定第一点的方法,来确定直线的第二个端点。此时,按回车键或点击鼠标右键并选择【确定】可结束直线命令。

(4) 如继续直线绘制,可不按回车键而继续指定下一点,也可继续指定多个点得到一系列首尾相接的直线。

若在命令行输入【C】或在右键快捷菜单中选择【闭合】可自动与起点连线得到闭合线框。如图 3-8 所示。

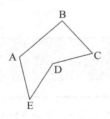

图 3-8　绘制直线

【放弃(U)】表示删除最近指定的点,即删除最后绘制的线段,多次输入【U】可逐个删除连接的各条线段。

例 3.1　　绘制如图 3-9 所示的五角星图形。

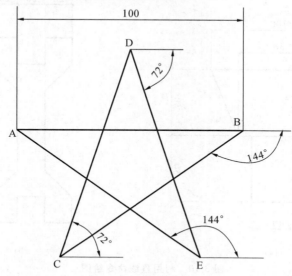

图 3-9　五角星

具体的绘图步骤如下。

方法一

命令:LINE

指定第一个点:

指定下一点或 [放弃(U)]:@ 100,0

指定下一点或 [放弃(U)]:@ 100< - 144

指定下一点或 [闭合(C)/放弃(U)]:@ 100< 72

指定下一点或 [闭合(C)/放弃(U)]:@ 100< - 72

指定下一点或 [闭合(C)/放弃(U)]:c

方法一

命令:LINE

指定第一个点:

指定下一点或 [放弃(U)]:@ 100< 0

指定下一点或 [放弃(U)]:@ 100< 216

指定下一点或 [闭合(C)/放弃(U)]:@ 100< 72

指定下一点或 [闭合(C)/放弃(U)]:@ 100< 288

指定下一点或 [闭合(C)/放弃(U)]:@ 100< 144

指定下一点或 [闭合(C)/放弃(U)]:✓

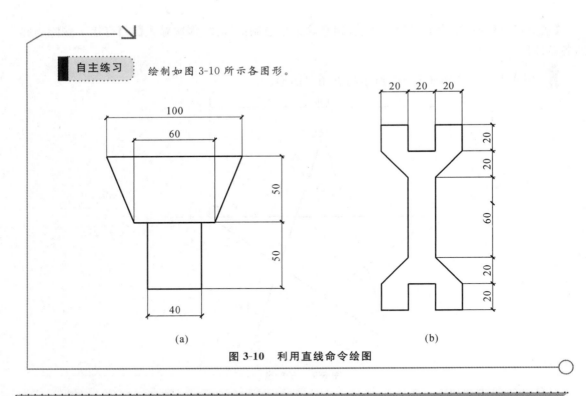

自主练习　绘制如图 3-10 所示各图形。

(a)　　　　　　　　　　　　(b)

图 3-10　利用直线命令绘图

二、射线

　　射线是一端端点固定,而另一端无限延长的直线,它只有起点并没有终点,在绘制基本图形中常作为辅助线使用。AutoCAD 中绘制射线时,第一点是起点,第二点是通过点,可以确定射线的方向。该命令可以连续绘制多条通过第一点的射线。具体的绘制步骤如下。

　　(1) 启动射线命令的方法:① 选择【绘图】/【射线】命令;② 在命令行输入"Ray",并按回车键;③ 单击"绘图"工具栏的"射线" █↗ 按钮。

　　(2) 指定起点:鼠标点击或坐标输入的方法指定第 1 个 A 点为起点,即射线的固定端。

　　(3) 指定通过点:鼠标点击或坐标输入的方法指定第 2 个 B 点为通过点,此时按回车键或点击鼠标右键选择【确定】均可结束射线的绘制。

　　(4) 如未结束绘制射线,可继续指定点,如继续指定特征点 C、D、E,得到多条射线,它们都共用 A 点为起点。所绘图形如图 3-11 所示。

图 3-11　绘制射线

三、构造线

构造线是一种无限延长的直线,它可以从指定点开始向两个方向无限延伸。在绘制建筑图形时常作为辅助线使用。AutoCAD通过确定两点位置来确定一条构造线,也可以通过第一点连续绘制多条构造线。具体的绘制步骤如下。

(1)启动绘制构造线命令的方法:① 单击"绘图"工具栏的"构造线" 按钮;② 选择【绘图】/【构造线】命令;③ 在命令行输入"Xline(XL)",并按回车键。

(2)指定起点:指定第 1 个 A 点为起点。

(3)指定通过点:指定第 2 个 B 点为第二个通过点,此时按回车键或点击鼠标右键选择【确定】可结束构造线的绘制。

(4)如未结束绘制,可继续指定通过点,如点击 C、D、E,得到多条构造线,它们都通过第 1 点 A。

所绘图形如图 3-12 所示。

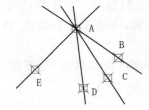

图 3-12 绘制构造线

在使用构造线命令绘图时,命令行提示中主要选项的意义如下。

(1)水平(H):绘制一条通过指定第 1 点且平行于 X 轴的构造线。

(2)垂直(V):绘制一条通过指定第 1 点且平行于 Y 轴的构造线。

(3)角度(A):以指定的角度绘制一条构造线。可指定角度,也可参照某条已知直线的角度绘制。

(4)二等分(B):可绘制平分指定的两条相交直线之间的夹角的构造线。

(5)偏移(O):通过另一条直线对象创建与其平行的构造线,创建此平行构造线时可以指定偏移的距离与方向,也可以通过指定的点。

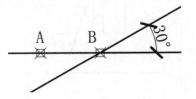

图 3-13 绘制构造线

例 3.2 绘制如图 3-13 所示的两条夹角为 30°的构造线。其中一条水平放置,另一条以"指定角度"的方式绘制。

绘图步骤如下。

命令:_Xline↙	//使用构造线命令
指定点或[水平(H)/垂直(V)/角度(A)/二等分(B)/偏移(O)]:h	//选择"水平"
指定通过点:	//指定通过点 A
指定通过点:↙	//按回车键结束命令
命令:_Xline↙	//使用构造线命令
指定点或[水平(H)/垂直(V)/角度(A)/二等分(B)/偏移(O)]:a	//选择"角度"
输入构造线角度(O)或[参照(R)]:30↙	//输入 30°

指定通过点:	//指定构造线的位置 B
指定通过点:↙	//按回车键结束命令

自主练习 使用构造线、射线作为辅助线绘制如图 3-14 所示形体的三视图。
图中的水平细实线、垂直细实线均为构造线,45°的斜线为射线,其他线均为直线。

任务 3 多线、多段线及样条曲线

一、多线

多线由 1～16 条平行线组成,平行线之间的距离、数目都是可以调整的。多线是 AutoCAD 中设置项目最多、应用最复杂的线性对象,且在建筑绘图中使用较多,常用于绘制墙体、窗户和电子线路图等平行线。

多线参数设置中包括直线的数量、线型、颜色、平行线之间的间距(即偏移量)等要素,这些要素称为多线样式。因此,绘制多线之前需创建新的多线样式。

1. 新建多线样式

下面以最常见的"240 墙体"为例来介绍新建多线样式。

(1) 选择【格式】/【多线样式】命令,或在命令行输入"Mlstyle",并按回车键,弹出如图 3-15 所示的【多线样式】对话框。

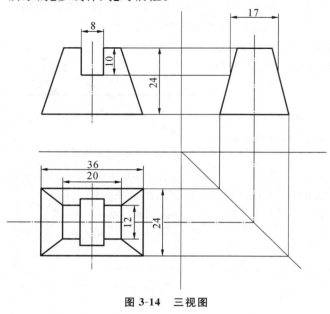

图 3-14 三视图

图 3-15 【多线样式】对话框

（2）在【多线样式】对话框中点击 新建(N)... 按钮，弹出【创建新的多线样式】对话框，如图 3-16 所示，在【新样式名(N)】中输入【240 墙体】，单击 继续 按钮，弹出【新建多线样式-240 墙体】对话框，如图 3-17 所示。

（3）设置多线样式。在【新建多线样式-240 墙体】的【说明(P)】文本框中输入【240 墙体】以对新建多线样式进行说明，选择【图元(E)】中选项组的第一个选项即第一条线，在其下的【偏移(S)】文本框中输入【120】表示与水平基准线距离 120 个单位且方向为正，选择【图元(E)】选项组中的第二个选项，在【偏移(S)】文本框中输入【－120】表示与水平基准线距离 120 个单位且方向为负，单击 确定 按钮以保存设置。如果需要添加定位轴线，只需点击添加，定位轴线的偏移为 0，不作修改即可。

图 3-16 【创建新的多线样式】对话框

图 3-17 【新建多线样式-240 墙体】对话框

图 3-18 【多线样式】对话框

特殊说明：在此对话框中还可添加、删除平行线的数量，更改每条线的偏移距离、选择所用线型及颜色等。在默认情况下，多线是由两条平行细直线组成。

（4）返回新建多线样式后的【多线样式】对话框，如图 3-18 所示，在【样式(S)】选项组中选择【240 墙体】，点击 置为当前(U) 按钮，再点击 确定 按钮完成多线样式的创建。

2.使用多线命令绘制多线

使用多线命令绘制多线的具体步骤如下。

（1）使用多线命令的方法：① 在"绘图"工具栏中点击"多线"按钮；② 在命令行输入"Mline（ML）"，并按回车键。

（2）默认命令行提示信息如下。

> 当前设置:对正= 上,比例= 20.00,样式= 240墙体
>
> 指定起点或[对正(J)/比例(S)/样式(ST)]:

其中,各选项的具体功能详细介绍如下。

① 对正(J)。

对正类型分为上(T)、无(Z)、下(B)三种。

与直线的绘制相同,绘制多线时需点击或输入多线的端点,但多线之间有一定的距离,宽度较大,需要确定定位点在多线的哪一条线上,即多线的对正方式,如图3-19所示为多线的三种对正方式。

● 上对正(T):顶线对正,在光标指定点处会出现具有最大正偏移值的直线或最小负偏移的直线,如图3-19(a)所示。

(a) 上对正类型   (b) 无对正类型   (c) 下对正类型

图3-19 多线的对齐方式

● 无(Z):零线对正,在光标指定点处为偏移量为0的直线,或没有直线但偏移为0,如图3-19(b)所示。

● 下对正(B):底线对正,在光标指定点处会出现具有最大负偏移值的直线或最小正偏移的直线,如图3-19(c)所示。

② 比例(S)。

该命令可控制多线的整体宽度,即确定所绘多线相对于定义的多线中线与线之间距离的比例系数。用户可以通过给定不同的比例改变多线的宽度比例。例如,若比例为1∶1,则绘制240墙体多线中两直线间距240;若比例为2∶1则两线间距为480,依此类推。若令比例为1∶1,则输入比例为"1"即可。

③ 样式(ST)。

指定已加载或已建样式名。若想改变多线样式,可根据提示,输入已建或已加载的多线样式名称。

(3) 选取端点绘制所需多线。

例3.3 利用多线命令绘制轴线长度为1000、宽度为600、厚度为80的围墙。

具体绘图步骤如下。

(1) 设置多线样式:选择【格式】/【多线样式】命令,打开【多线样式】对话框,单击 新建(N)... 按钮,在【新样式名(N)】文本框中输入【80墙体】,单击 继续 按钮。

(2) 在【80墙体】对话框的【说明(P)】文本框中输入说明文字【80墙体】。在【图元(E)】选项组中选择第一条线进行设置,在其下的【偏移(S)】文本框中输入【40】;在【图元(E)】选项组选择第二条线进行设置,在【偏移(S)】文本框中输入【-40】,单击 确定 按钮。

(3) 在返回的【多线样式】对话框的【样式(S)】选项组中选择【80墙体】,单击 置为当前(U) 按钮,将该样式设置为当前样式,再单击 确定 按钮。

(4) 绘制多线,命令行提示如下。

```
命令:_mline
当前设置:对正= 上,比例= 20.00,样式= 80墙体
指定起点或 [对正(J)/比例(S)/样式(ST)]:J         //选择【对正(J)】选项
输入对正类型 [上(T)/无(Z)/下(B)]< 上> :z         //对正类型选择【无(Z)】
当前设置:对正= 无,比例= 20.00,样式= 80墙体
指定起点或 [对正(J)/比例(S)/样式(ST)]:S         //选择【比例(S)】选项
输入多线比例 < 20.00> :1
当前设置:对正= 无,比例= 1.00,样式= 80墙体
指定起点或 [对正(J)/比例(S)/样式(ST)]:
指定下一点:1000,0
指定下一点或 [放弃(U)]:@ 0,- 600
指定下一点或 [闭合(C)/放弃(U)]:@ - 1000,0
指定下一点或 [闭合(C)/放弃(U)]:c
```

(5) 完成后用 80 墙体绘制图 3-20。

自主练习　用"240 墙体"样式,比例为 1,绘制图 3-21。

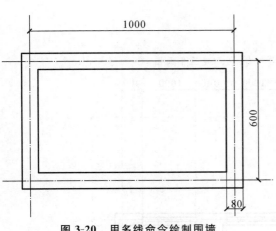

图 3-20　用多线命令绘制围墙

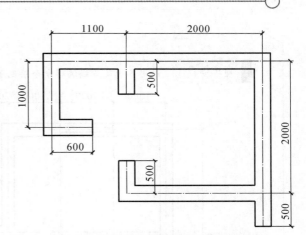

图 3-21　用多线命令绘制"240 墙体"围墙

3. 编辑多线对象

通过 Mledit 命令可以对已有多线进行编辑,选择【修改】/【对象】/【多线】命令,可打开【多线编辑工具】对话框,如图 3-22 所示;双击已有多线,【多线编辑工具】对话框也会弹出。该对话框界面中会显示多线工具,并以四列显示样例图像。其中,第一列为控制交叉的多线,第二列为控制 T 形相交的多线,第三列为控制角点结合和顶点的多线,第四列为控制多线中的打断。该对话框中的各个图像按钮形象地说明了编辑多线的方法。

多线编辑时,先在【多线编辑工具】中选取所需编辑样式,再用鼠标选中要编辑的多线即可。图 3-23(a)所示的是编辑前的图形,共由三条多线组成。图 3-23(b)所示的是选中"十字打

开"、"T形打开"和"角点结合"方式编辑后的多线样式。其中,T形打开要先点击保留的竖线,再点击横线部分;角点结合要点击两线保留的部分。

图3-22 【多线编辑工具】对话框

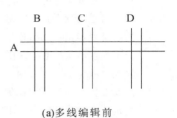

(a)多线编辑前

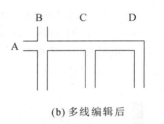

(b)多线编辑后

图3-23 多线编辑

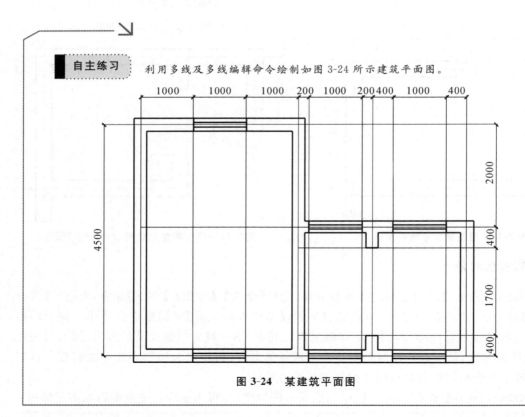

自主练习 利用多线及多线编辑命令绘制如图3-24所示建筑平面图。

图3-24 某建筑平面图

二、多段线

多段线是由等宽或者不等宽的多条直线或圆弧首尾相连组成的对象,作为单一对象整体使用,易于选择和编辑。在 AutoCAD 2016 中可以分别设置各线段始末端点的线宽;绘制弧线段时,弧线的起点是前一个线段的端点,通过指定一个中间点和另一个端点也可以完成弧线的绘制;通过连续定点来绘制首尾相连的多段线,并可使其封闭成环。

1. 绘制多段线

多段线的具体绘制步骤如下。

(1) 启动绘制多段线命令的方法:① 点击"绘图"工具栏的 ⌐ 按钮;② 选择【绘图】/【多段线】命令;③ 命令行输入"Pline(PL)",并按回车键。

(2) 指定起点:可坐标输入或鼠标点击选择起始点。

(3) 命令行提示信息如下。

> 当前线宽为 0.000
> 指定下一个点或[圆弧(A)/半宽(H)/长度(L)/放弃(U)/宽度(W)]:

其中,各选项的功能介绍如下。

① 圆弧(A):与圆弧的绘制方法相同。选择圆弧后命令行提示如下。

> 指定圆弧的端点(按住 Ctrl 键以切换方向)或
> [角度(A)/圆心(CE)/闭合(CL)/方向(D)/半宽(H)/直线(L)/半径(R)/第二个点(S)/放弃(U)/宽度(W)]:

常用参数含义如下。

- "A"选项:输入圆弧的包含角度。
- "CE"选项:指定圆弧的圆心。
- "R"选项:指定圆弧的半径。
- "S"选项:指定按三点方式画圆弧的第二点。
- "D"选项:指定圆弧起点的切线方向。
- "L"选项:返回画直线方式,出现直线方式提示行。

其他"H"、"W"、"U"等选项与直线方式中的同类选项相同。

② 半宽(H):指定多段线从宽多段线段的中心到其一边的宽度,起点半宽将成为默认的端点半宽。端点半宽在再次修改半宽之前将作为所有后续线段的统一半宽。宽线线段的起点和端点位于宽线的中心。

③ 长度(L):指定下一条多段线的长度,AutoCAD 将按照上一条直线的方向绘制这一条多段线。如果上一段是圆弧,则将绘制与此圆弧相切的直线。

④ 放弃(U):删除最近指定的点,即删除最后绘制的一条多段线。

⑤ 宽度(W):可分别指定多段线每一段起点的宽度和端点的宽度值。改变后的取值将成为后续线段的默认宽度。

(4) 设置好相应选项,定点绘制出多段线。

例 3.4 用多段线命令绘制楼梯走向箭头。如图 3-25 所示。

具体绘图步骤如下。

```
指定起点：                                              //指定起点A
命令:_Pline
当前线宽为 0.000
指定下一个点或[圆弧(A)/半宽(H)/长度(L)/放弃(U)/宽度(W)]:@ 15,0 //指定下一点 B
指定下一点或[圆弧(A)/半宽(H)/长度(L)/放弃(U)/宽度(W)]:w      //选择【宽度】选项
指定起点宽度< 0.000> 2↙
指定端点宽度< 2.000> 0↙
指定下一点或[圆弧(A)/半宽(H)/长度(L)/放弃(U)/宽度(W)]:@ 5,0↙  //指定下一点 C
指定下一点或[圆弧(A)/半宽(H)/长度(L)/放弃(U)/宽度(W)]:↙      //按回车键结束命令
```

■ **例 3.5**　用多段线命令绘制如图 3-26 所示的图形。

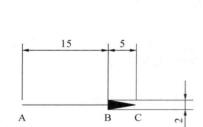

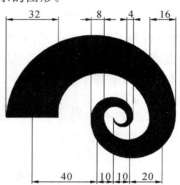

图 3-25　用多线命令绘制箭头　　　　图 3-26　用多段线命令绘制圆弧

具体绘图步骤如下。

```
命令:_pline
指定起点：
当前线宽为 0.0000
指定下一个点或 [圆弧(A)/半宽(H)/长度(L)/放弃(U)/宽度(W)]:W
指定起点宽度 < 0.0000> :0
指定端点宽度 < 0.0000> :4
指定下一个点或 [圆弧(A)/半宽(H)/长度(L)/放弃(U)/宽度(W)]:A
指定圆弧的端点(按住 Ctrl 键以切换方向)或
[角度(A)/圆心(CE)/方向(D)/半宽(H)/直线(L)/半径(R)/第二个点(S)/放弃(U)/宽度(W)]:A
指定夹角:180
指定圆弧的端点(按住 Ctrl 键以切换方向)或 [圆心(CE)/半径(R)]:@ 10,0
指定圆弧的端点(按住 Ctrl 键以切换方向)或
[角度(A)/圆心(CE)/闭合(CL)/方向(D)/半宽(H)/直线(L)/半径(R)/第二个点(S)/放弃(U)/宽度
(W)]:W
指定起点宽度 <4.0000> :↙
指定端点宽度 <4.0000> :8
指定圆弧的端点(按住 Ctrl 键以切换方向)或
[角度(A)/圆心(CE)/闭合(CL)/方向(D)/半宽(H)/直线(L)/半径(R)/第二个点(S)/放弃(U)/宽度
(W)]:@ - 20,0
```

指定圆弧的端点(按住 Ctrl 键以切换方向)或

〔角度(A)/圆心(CE)/闭合(CL)/方向(D)/半宽(H)/直线(L)/半径(R)/第二个点(S)/放弃(U)/宽度(W)〕:W

指定起点宽度 <8.0000> :↙

指定端点宽度 <8.0000> :16

指定圆弧的端点(按住 Ctrl 键以切换方向)或

〔角度(A)/圆心(CE)/闭合(CL)/方向(D)/半宽(H)/直线(L)/半径(R)/第二个点(S)/放弃(U)/宽度(W)〕:@ 40,0

指定圆弧的端点(按住 Ctrl 键以切换方向)或

〔角度(A)/圆心(CE)/闭合(CL)/方向(D)/半宽(H)/直线(L)/半径(R)/第二个点(S)/放弃(U)/宽度(W)〕:W

指定起点宽度 <16.0000> :↙

指定端点宽度 <16.0000> :32

指定圆弧的端点(按住 Ctrl 键以切换方向)或

〔角度(A)/圆心(CE)/闭合(CL)/方向(D)/半宽(H)/直线(L)/半径(R)/第二个点(S)/放弃(U)/宽度(W)〕:@-80,0

指定圆弧的端点(按住 Ctrl 键以切换方向)或

〔角度(A)/圆心(CE)/闭合(CL)/方向(D)/半宽(H)/直线(L)/半径(R)/第二个点(S)/放弃(U)/宽度(W)〕:// 按 Esc 键

2. 编辑多段线

在 AutoCAD 中,可以一次编辑一条或多条多段线。具体操作步骤如下。

(1)编辑多段线命令的方法有:① 在如图 3-27 所示的"修改Ⅱ"工具栏中单击"编辑多段线"按钮;② 选择【修改】/【对象】/【多段线】命令;③ 在命令行输入"Pedit",并按回车键。

图 3-27 "修改Ⅱ"工具栏

(2)用鼠标单击要编辑的多段线,将出现如图 3-28 所示的快捷菜单,选取相应的菜单命令,将得到不同的多段线编辑效果。

PEDIT 输入选项 [闭合(C) 合并(J) 宽度(W) 编辑顶点(E) 拟合(F) 样条曲线(S) 非曲线化(D) 线型生成(L) 反转(R) 放弃(U)]:

图 3-28 编辑多段线快捷菜单

三、样条曲线

样条曲线是一种经过一系列给定点的光滑曲线,适合于标识具有规则变化曲率半径的曲线,如建筑基地的等高线、区域界线等样条曲线。样条曲线是由一组输入的拟合点生成的光滑曲线。

(1)启动绘制样条曲线命令的方法为:① 点击"绘图"工具栏的按钮;② 选择【绘图】/【样条曲线】命令;③ 在命令行输入"Spline",并按回车键。

(2)指定第一点 A,即起点。

（3）指定点 B、C,指定中间系列点。

（4）指定点 D,指定端点。

（5）选择【端点相切（T）】指定端点切向,指定点 E,点 E 与点 D 的连线决定了起点 D 的切向。

> 说明：① 闭合（C）：样条曲线封闭。
>
> ② 拟合公差（F）：指定拟合公差值。

所绘制的图形如图 3-29 所示。

图 3-29　用样条曲线命令绘制图形

具体的绘图步骤如下。

```
命令:_spline
当前设置:方式= 拟合  节点= 弦
指定第一个点或 [方式(M)/节点(K)/对象(O)]              //点击 A
输入下一个点或 [起点切向(T)/公差(L)]:                 //点击 B
输入下一个点或 [端点相切(T)/公差(L)/放弃(U)]:         //点击 C
输入下一个点或 [端点相切(T)/公差(L)/放弃(U)/闭合(C)]:  //点击 D
输入下一个点或 [端点相切(T)/公差(L)/放弃(U)/闭合(C)]:T
指定端点切向:                                         //点击 E
```

任务 4　圆、圆弧及椭圆

一、圆

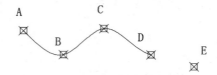

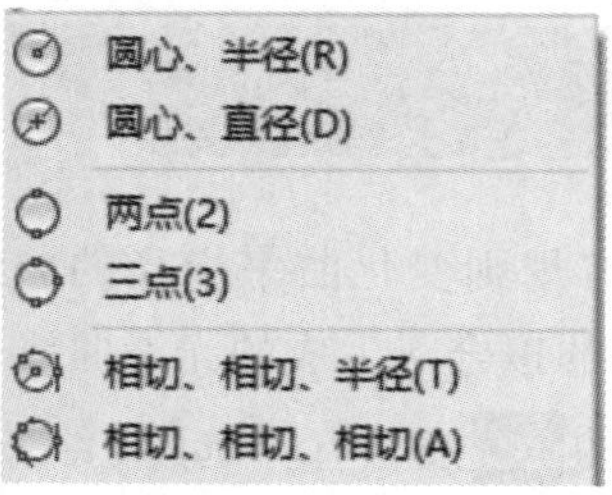

图 3-30　启动圆命令

在 AuutoCAD 绘图中,圆是使用频率非常高的绘图工具,圆可以有多种绘制方法,如图 3-30 所示。具体绘图步骤如下。

（1）启动圆命令的方法有：点击"绘图"工具栏的 ● 按钮;② 选择【绘图】/【圆】命令;③ 在命令行输入"Circle（C）",并按回车键。

（2）执行命令后,命令行提示信息如下。

指定圆的圆心或 [三点(3P)/两点(2P)/相切、相切、半径(T)]:

① 默认方法:采用指定圆的圆心、半径(或直径)的方式画圆,坐标或鼠标选取圆心点。

| 指定圆的半径[直径(D)]: | //输入半径数值 |

或:

| 指定圆的半径[直径(D)]:d↙ | |
| 指定圆的直径: | //输入直径数值 |

② 三点(3P):通过指定圆周上的三点来画圆,如图 3-31(a)所示。在命令提示行下选择"3P",则提示:

指定圆的第一点:	//点击 A
指定圆的第二点:	//点击 B
指定圆的第三点:	//点击 C

③ 两点(2P):利用两个点画圆,即点选圆任意直径的两个端点,如图 3-31(b)所示。在命令提示行下选择"2P",则提示:

| 指定圆的第一点: | //点击 A |
| 指定圆的第二点: | //点击 B |

④ 相切、相切、半径(T):利用两个已知圆或直线上的切点和圆的半径画圆,如图 3-32(a)所示。

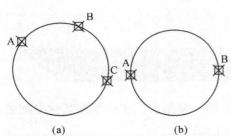 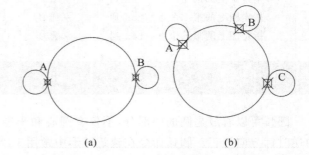

| (a) | (b) | (a) | (b) |

图 3-31 用三点方式与两点方式画圆　　**图 3-32 用相切、相切、半径方式和相切、相切、相切方式画圆**

在命令提示行下选择"T",则提示:

指定对象与圆的第一个切点:	//点击圆 A
指定对象与圆的第二个切点:	//点击圆 B
指定圆的半径:	//给出半径

⑤ 相切、相切、相切(A):利用三个已知圆或直线上的切点画圆,如图 3-32(b)所示。

在命令提示行下选择"T",则提示:

指定圆上的第一个点:	//点击圆 A
指定圆上的第二个点:	//点击圆 B
指定圆上的第三个点:	//点击圆 C

(3) 选取适当的方式绘制出圆。

说明:① 画相切圆选择相切目标时,点选光标的小方框要落在对象上并靠近切点。

② 画相切圆时的相切对象,可以是直线、圆、圆弧、椭圆等图线,这种绘制圆的方法在圆弧连接时经常使用,同时可开启对象捕捉中相切选项,方便观察。

例 3.6 用圆命令绘制图 3-33 所示图形。

具体绘图步骤如下。

命令:_circle
指定圆的圆心或 [三点(3P)/两点(2P)/切点、切点、半径(T)]:
指定圆的半径或 [直径(D)]< 0.0000> :D
指定圆的直径 < 0.0000> :40
命令:_circle
指定圆的圆心或 [三点(3P)/两点(2P)/切点、切点、半径(T)]:2P
指定圆直径的第一个端点:　　　　//圆 A 左象限点
指定圆直径的第二个端点:　　　　//圆 A 圆心
命令:_circle
指定圆的圆心或 [三点(3P)/两点(2P)/切点、切点、半径(T)]:2P
指定圆直径的第一个端点:　　　　//圆 A 圆心
指定圆直径的第二个端点:　　　　//圆 A 右象限点
命令:_circle
指定圆的圆心或 [三点(3P)/两点(2P)/切点、切点、半径(T)]:3p
指定圆上的第一个点:_tan 到　　　//圆 A
指定圆上的第二个点:_tan 到　　　//圆 B
指定圆上的第三个点:_tan 到　　　//圆 C

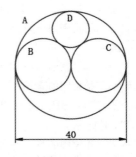

图 3-33　用圆命令绘制图形

二、圆弧

圆弧可以看成是圆的一部分,不仅有圆心和半径,还有起点和端点。在绘制圆弧时以圆弧的逆时针方向为正。圆弧命令在建筑图形中常用于绘制门平面图。

AutoCAD 提供了 11 种画圆弧的方法,用户可以根据不同情况选择不同的方式:① 三点(P);② 起点、圆心、端点(S);③ 起点、圆心、角度(T);④ 起点、圆心、长度(A);⑤ 起点、端点、角度(N);⑥ 起点、端点、方向(D);⑦ 起点、端点、半径(R);⑧ 圆心、起点、端点(C);⑨ 圆心、起点、角度(E);⑩ 圆心、起点、长度(L);⑪ 继续(O)。

上述选项的⑧、⑨、⑩与②、③、④条件相同,只是操作命令时提示顺序不同。具体绘图步骤如下。

(1) 启动圆弧命令的方法为:① 点击"绘图"工具栏的 ⌒ 按钮;② 点击【绘图】/【圆弧】命令;③ 在命令行输入"Arc",并按回车键。

(2) 执行命令后,命令行提示信息如下。

_arc 指定圆弧的起点或[圆心(E)]:　　　　　　//点击第 1 点 A
指定圆弧的第二点或[圆心(C)/端点(E)]:　　　　//点击第 2 点 B
指定圆弧的端点:　　　　　　　　　　　　　//点击第 3 点 C,完成画圆弧

① 默认选项为:三点方式画圆弧,如图 3-34(a)所示。

② 起点、圆心、端点方式画圆弧,命令行提示如下。

```
命令：_arc
  指定圆弧的起点或［圆心(C)］：          //点击起点 C
  指定圆弧的第二个点或［圆心(C)/端点(E)］:_c
  指定圆弧的圆心：                      //点击圆心 A
  指定圆弧的端点(按住 Ctrl 键以切换方向)或［角度(A)/弦长(L)］://点击终点 B
```

所画圆弧以 C 点为圆弧起点，A 点为圆心，逆时针画弧，圆弧的终点落在圆心 A 及终点 B 的连线上，如图 3-34(b)所示。

③ 起点、圆心、角度方式画圆弧，命令行提示如下。

```
命令：_arc
  指定圆弧的起点或［圆心(C)］：          //点击起点 B
  指定圆弧的第二个点或［圆心(C)/端点(E)］:_c
  指定圆弧的圆心：                      //点击圆心 A
  指定圆弧的端点(按住 Ctrl 键以切换方向)或［角度(A)/弦长(L)］:_a
  指定夹角(按住 Ctrl 键以切换方向):90
```

说明：角度数值逆时针为正。绘制结果如图 3-35 所示。

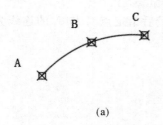

(a)   (b)

图 3-34 三点及起点、圆心、端点方式绘制圆弧

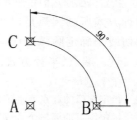

图 3-35 起点、圆心、角度方式绘制圆弧

④ 起点、圆心、长度方式画圆弧，命令行提示如下。

```
命令：_arc
  指定圆弧的起点或［圆心(C)］：          //点击起点 B
  指定圆弧的第二个点或［圆心(C)/端点(E)］:_c
  指定圆弧的圆心：                      //点击圆心 A
  指定圆弧的端点(按住 Ctrl 键以切换方向)或［角度(A)/弦长(L)］:_l
  指定弦长(按住 Ctrl 键以切换方向):30
```

这种方式是从起点开始逆时针方向画圆弧。弦长为正值，画小于半圆的圆弧；弦长为负值，画大于半圆的圆弧，如图 3-36 所示。

⑤ 起点、端点、角度方式画圆弧，命令行提示如下。

```
命令：_arc
  指定圆弧的起点或［圆心(C)］：          //点击起点 B
  指定圆弧的第二个点或［圆心(C)/端点(E)］:_e
  指定圆弧的端点：                      //点击端点 C
  指定圆弧的中心点(按住 Ctrl 键以切换方向)或［角度(A)/方向(D)/半径(R)］:_a
  指定夹角(按住 Ctrl 键以切换方向):90
```

这种方式所画圆弧以 B 为起点，C 点为终点，以指定角度 90°为圆弧的包含角度，如图 3-37 所示。

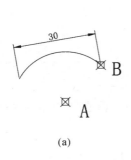

(a)

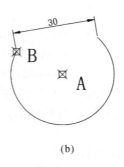

(b)

图 3-36 起点、圆心、长度方式绘制圆弧

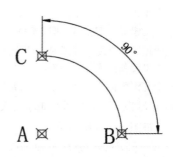

图 3-37 起点、端点、角度方式绘制圆弧

⑥ 起点、端点、方向方式画圆弧,命令行提示如下。

```
命令:_arc
指定圆弧的起点或 [圆心(C)]:                        //点击起点 A
指定圆弧的第二个点或 [圆心(C)/端点(E)]:_e
指定圆弧的端点:                                    //点击端点 B
指定圆弧的中心点(按住 Ctrl 键以切换方向)或 [角度(A)/方向(D)/半径(R)]:_d
指定圆弧起点的相切方向(按住 Ctrl 键以切换方向):        //点击方向点 C
```

这种方式所画圆弧是以 A 点为圆弧起点,B 点为圆弧终点,以最后给定点 C 与 A 的连线为圆弧的切线来确定圆弧方向,如图 3-38(a)所示。

⑦ 起点、端点、半径方式画圆弧,命令行提示如下。

```
命令:_arc
指定圆弧的起点或 [圆心(C)]:                        //点击起点 A
指定圆弧的第二个点或 [圆心(C)/端点(E)]:_e
指定圆弧的端点:                                    //点击端点 B
指定圆弧的中心点(按住 Ctrl 键以切换方向)或 [角度(A)/方向(D)/半径(R)]:_r
指定圆弧的半径(按住 Ctrl 键以切换方向):20
```

这种方式所画圆弧是以 A 点为圆弧起点,B 点为圆弧终点,给定值 20 为半径的圆弧,如图 3-38(b)所示。

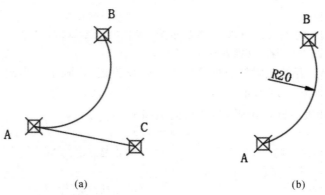

(a)

(b)

图 3-38 起点、端点、方向及起点、端点、半径方式绘制圆弧

⑧ 用"连续"方式画圆弧画圆弧,命令行提示如下。

这种方式用最后一次所画的圆弧或直线的终点为起点,再按提示给出圆弧的终点,所画圆弧将与上段线相切。

说明：有些圆弧不适合用 Arc 命令绘制，而适合用 Circle（圆）命令结合修剪、打断、打断于点等命令生成。

三、椭圆与椭圆弧

1. 椭圆

椭圆的绘图步骤如下。

（1）启动椭圆命令的方法有：① 点击"绘图"工具栏的 🫧 按钮；② 选择【绘图】/【椭圆】命令；③ 在命令行输入"Ellipse"，并按回车键。

（2）执行命令后，命令行提示信息如下。

```
命令：_ellipse
指定椭圆的轴端点或［圆弧（A）/中心点（C）］：
```

① 默认选项：以轴端点方式画椭圆，如图 3-39 所示。该方式为指定一个轴的两个端点及另一个轴的半轴长度画椭圆。具体操作为如下。

```
命令：_ellipse
指定椭圆的轴端点或［圆弧（A）/中心点（C）］：      //点击端点 A
指定轴的另一个端点：                          //点击另一端点 B
指定另一条半轴长度或［旋转（R）］：              //点击半轴长度点 C 或直接输入数值
```

② 以椭圆中心点方式画椭圆，该方式是指定中心点和两轴的端点（即两半轴长）画椭圆，如图 3-40 所示。具体操作为如下。

```
命令：_ellipse
指定椭圆的轴端点或［圆弧（A）/中心点（C）］：_c
指定椭圆的中心点：                            //点击中心点 A
指定轴的端点：                                //点击轴端点 B 或输入数值
指定另一条半轴长度或［旋转（R）］：              //点击另一轴端点 C 或输入数值
```

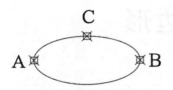

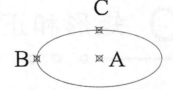

图 3-39　轴端点方式画椭圆　　　　图 3-40　椭圆中心方式画椭圆

③ 旋转方式画椭圆，该方式是先定义一个轴的两个端点，然后指定一个旋转角度来画椭圆。执行画椭圆命令，命令行提示如下。

```
指定椭圆的轴端点或［圆弧（A）/中心点（C）］：      //给第 1 点
指定轴的另一个端点：                          //给定轴上第 2 点
指定另一条半轴长度或［旋转（R）］：R↙           //选旋转角方式
指定绕长轴旋转：                              //给定旋转角
```

说明：绕长轴旋转角度确定的是椭圆长轴和短轴的比例。旋转角度值越大，长轴和短轴的比值就越大，当旋转角度为 0°时，该命令绘制的图形为圆。

2. 椭圆弧

椭圆弧的绘图步骤如下。

（1）启动椭圆弧命令的方法为：① 点击"绘图"工具栏的 ⬛ 按钮；② 选择【绘图】/【椭圆】/【圆弧】命令；③ 在命令行输入"Ellipse"，并按回车键。

（2）执行命令后，命令行提示信息如下。

```
命令:_ellipse
指定椭圆的轴端点或[圆弧(A)/中心点(C)]:_a
指定椭圆弧的轴端点或[中心点(C)]:
```

① 默认选项。

```
指定椭圆弧的轴端点或[中心点(C)]:            //点击轴 a 端点 1
指定轴的另一个端点:                         //点击轴 a 端点 2
指定另一条半轴长度或[旋转(R)]:              //点击轴 b 端点 3；以上与椭圆的绘制相同
指定起始角度或[参数(P)]:0                    //表示椭圆弧的起始角度为 0°
指定终止角度或[参数(P)/包含角度(I)]:90       //表示椭圆弧的终止角度为 90°
```

② 中心点方式画椭圆弧。

```
指定椭圆弧的轴端点或[中心点(C)]:c            //选椭圆中心点方式
指定椭圆弧的中心点:                         //点击椭圆中心点 0
指定轴的端点:                               //点击轴 a 端点 1
指定另一条半轴长度或[旋转(R)]:              //点击轴 B 端点 2；以上与椭圆的绘制相同
指定起始角度或[参数(P)]:30                   //表示椭圆弧的起始点与轴 a 的端点 1 之间的角
                                            度为 30°
指定终止角度或[参数(P)/包含角度(I)]:45       //表示椭圆弧的终止点与轴 a 的端点 1 之间的角
                                            度为 45°
```

任务 5 矩形和正多边形

一、矩形

在绘图过程中，矩形和正多边形都是经常用到的图形，而矩形是一种特殊的正多边形。在建筑绘图中，常用于绘制图框、建筑结构和建筑组件等。AutoCAD 2016 可以绘制直角矩形，还可以直接绘制圆角矩形、倒角矩形、有宽度的矩形等，可以说矩形和正多边形命令是将直线、倒角等命令集合在一起的组合命令，如图 3-41 所示。矩形的绘图步骤如下。

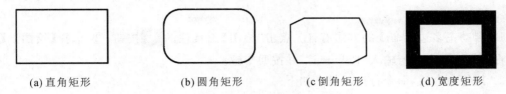

(a) 直角矩形 　(b) 圆角矩形 　(c 倒角矩形 　(d) 宽度矩形

图 3-41　矩形样式

（1）启动矩形命令的方法有：① 点击"绘图"工具栏的 ▬ 按钮；② 选择【绘图】/【矩形】命令；③ 在命令行输入"Rectangle"，并按回车键。

（2）执行命令后，命令行提示信息如下。

指定第一个角点或［倒角(C)/标高(E)/圆角(F)/厚度(T)/宽度(W)］：	//点击第 1 点
指定另一个角点或［面积(A)/尺寸(D)/旋转()］：	//点击对角线点

① 默认选项：该选项将按所给两对角点及当前线宽绘制一个矩形。

● 如果选择"A"，输入绘制矩形的面积数值，在绘制时系统要求指定面积和一个维度（即长度或宽度），软件将自动计算另一个维度并生成矩形。

● 如果选择"D"，通过直接输入矩形的长度、宽度和矩形另一角点所在的方位来确定最终的图形。

● 如果选择"R"，需要输入绘制的矩形旋转的角度。

② 倒角（C）：用于定义矩形的倒角尺寸，可分别指定倒角距离，画出一个四角为倒角的矩形。在命令提示行后选择"C"选项，则其提示如下。

指定矩形的第一个倒角距离〈0.0000〉：	//指定第一倒角距离
指定矩形的第二个倒角距离〈0.0000〉：	//指定第二倒角距离
指定第一个角点或［倒角(C)/标高(E)/圆角(F)/厚度(T)/宽度(W)］：	//指定第 1 角点
指定另一个角点或［面积(A)/尺寸(D)/旋转(R)］：	//指定对角点

③ 标高（E）：用于定义矩形在三维空间中的基面高度。

④ 圆角（F）：指定矩形圆角半径，画出一个四角为相同半径的圆角矩形。命令提示行后选择"F"，则其提示如下。

指定矩形的圆角半径〈0.0000〉：	//输入圆角半径数值
指定第一角点或［倒角(C)/标高(E)/圆角(F)/厚度(T)/宽度(W)］：	//点击第一角点 1，点击对角点 2

⑤ 厚度（T）：用于定义矩形的三维厚度，即三维空间 Z 轴方向的高度，选择该选项可用于绘制三维图形对象。

⑥ 宽度（W）：用于定义绘制矩形的线宽。命令行提示后选择"W"，则其提示如下。

指定矩形的线宽 < 0.0000> ：	//输入线宽数值
指定第一个角点或［倒角(C)/标高(E)/圆角(F)/厚度(T)/宽度(W)］：	//点击第 1 角点
指定另一个角点或［面积(A)/尺寸(D)/旋转(R)］：	//点击对角点 2

二、正多边形

正多边形是建筑绘图中经常用到的简单图形，是由 3～1024 条等长边的封闭多线段。AutoCAD通过正多边形与假想的圆内接或外切的方法来绘制，绘制过程中要想象有一个圆存在。也可通过指定正多边形某一边的端点进行绘制。正多边形的绘图步骤如下。

(1) 启动正多边形命令的方法有:① 点击"绘图"工具栏的 ⬠按钮;② 选择【绘图】/【正多边形】命令;③ 在命令行输入"Polygon",并按回车键。

(2) 执行命令后,命令行提示信息如下。

> polygen 输入边的数目〈4〉:　　　//输入正多边形的边数
> 指定正多边形的中心点或[边(E)]:

① 边(E):该选项使用指定边长方式画正多边形。

> 命令:_polygon
> 输入侧面数 < 4 >:7✓
> 指定正多边形的中心点或 [边(E)]:E
> 指定边的第一个端点:指定边的第二个端点:@ 50,0

以距离为 50 的两点为边的正七边形如图 3-42(a)所示。

② 内接于圆方式。

> 命令:_polygon 输入侧面数 <7> :✓
> 指定正多边形的中心点或 [边(E)]:　　　//点击圆心
> 输入选项 [内接于圆(I)/外切于圆(C)]<I> :I
> 指定圆的半径:50

内接于半径为 50 的圆的正七边形如图 3-42(b)所示。

③ 外切于圆方式。

> 命令:_polygon 输入侧面数 <7> :✓
> 指定正多边形的中心点或 [边(E)]://点击圆心
> 输入选项 [内接于圆(I)/外切于圆(C)]<I> :C
> 指定圆的半径:50

外切于半径为 50 的圆的正七边形如图 3-42(c)所示。

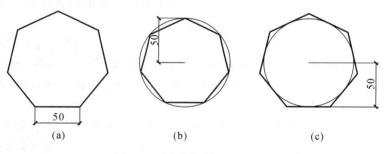

图 3-42　不同方式画正七边形

例 3.7　　绘制如图 3-43 所示边长为 60 的正五边形。

具体绘图步骤如下。

> 命令:_polygon 输入侧面数 < 7 > :5
> 指定正多边形的中心点或 [边(E)]:E
> 指定边的第一个端点:　　　　　　　　　　　　　　　　//任选一点
> 指定边的第二个端点:@ 60,0

例 3.8　　绘制如图 3-44 所示图形。

命令:_rectang
指定第一个角点或 [倒角(C)/标高(E)/圆角(F)/厚度(T)/宽度(W)]:　　//任选一点
指定另一个角点或 [面积(A)/尺寸(D)/旋转(R)]:D
指定矩形的长度 < 0.0000> :40
指定矩形的宽度 < 0.0000> :40
指定另一个角点或 [面积(A)/尺寸(D)/旋转(R)]:　　　　　　　　　//点击角点,确定位置
命令:_circle
指定圆的圆心或 [三点(3P)/两点(2P)/切点、切点、半径(T)]:　　　　//点击正方形中心点
指定圆的半径或 [直径(D)]< 0.0000> :　　　　　　　　　　　　　//点击正方形角点
命令:_polygon 输入侧面数 < 5> :3
指定正多边形的中心点或 [边(E)]:　　　　　　　　　　　　　　　//点击正方形中心点
输入选项 [内接于圆(I)/外切于圆(C)]< C> :C
指定圆的半径:　　　　　　　　　　　　　　　　　　　　　　　//点击圆的下象限点

自主练习　　用多边形命令绘制如图 3-45 所示图形。

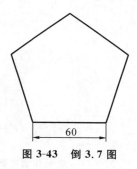

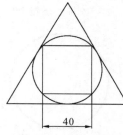

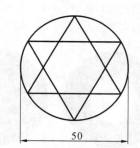

图 3-43　倒 3.7 图　　　　　图 3-44　例 3.8 图　　　　　图 3-45　用多边形命令绘制图形

任务 6 圆环

圆环一般用于配件绘制,它是圆和图案填充命令的结合,绘制的图形是一个整体。用户可以通过指定圆环的内、外直径绘制圆环,也可直接绘制填充圆环。其绘图步骤如下。

(1) 启动圆环命令的方法有:① 选择【绘图】/【圆环】命令;② 在命令行输入"Donut",并按回车键。

(2) 执行命令后,命令行提示信息如下。

指定圆环的内径<0.500>:　　　　//输入圆环内径
指定圆环的外径<1.000>:　　　　//输入圆环外径
指定圆环的中心点或<退出>:　　　//确定圆环中心位置

用户可以继续给定中心点，绘制一系列相同大小的圆环。不同方式绘制的圆环如图 3-46 所示。

注意：①系统默认的圆环是填充的。在绘图时是否填充，可以在应用圆环命令前用 Fill 命令来设置。

命令:fill
输入模式［开(ON)/关(OFF)]< 开> :OFF✓　//取消填充方式

②当圆环的内径为零时，绘制的圆环便是填充圆；如果将内径与外径设置为相同的数值，则将绘制普通的圆。

③填充的圆环被编辑（如平移、复制、阵列、比例缩放等）后，便成为非填充圆环。

例 3.9　　绘制一个如图 3-47 所示的内径为 50，外径为 100 的非填充圆环。具体绘图步骤如下。

命令:fill
输入模式［开(ON)/关(OFF)]<开> :off
命令:_donut
指定圆环的内径 <0.500> :50
指定圆环的外径 <1.000> :100
指定圆环的中心点或 <退出> :　　　　　　　//任选一点
指定圆环的中心点或 <退出> :　　　　　　　//按 Esc 键退出

图 3-46　不同方式绘制的圆环　　　　　　　图 3-47　绘制非填充圆环

任务 7　云线与螺旋线

1. 云线

"修订云线"命令可以使用连续的圆弧组成多段线以构成云形线，用于绘制或将已有的单个封闭对象（如圆、矩形或封闭的样条曲线等）转换成云线。在建筑制图中多用于自由图案的绘制及强调注释图形等。云线的绘图步骤如下。

（1）启动修订云线命令的方法有：在"绘图"工具栏中点击"修订云线" 按钮；②【绘图】/【修订云线】命令；③ 在命令行输入"Revcloud"，并按回车键。

(2) 执行命令后,命令行提示信息如下。

```
命令:_revcloud
最小弧长:0.5  最大弧长:0.5  样式:普通  类型:徒手画
指定第一个点或[弧长(A)/对象(O)/矩形(R)/多边形(P)/徒手画(F)/样式(S)/修改(M)]<对象>:_F
指定第一个点或[弧长(A)/对象(O)/矩形(R)/多边形(P)/徒手画(F)/样式(S)/修改(M)]<对象>:
                    //沿云线路径引导十字光标
反转方向[是(Y)/否(N)]<否>:↙
```

命令中各选项的含义如下。

① 弧长(A):指定云线中弧线的长度。系统要求指定最小弧长值与最大弧长值,其中最大弧长值不能大于最小弧长值的 3 倍。

② 对象(O):指定要转换为云线的单个封闭对象。

③ 样式(S):选择云线的样式。

2. 螺旋线

螺旋线命令可以绘制日常生活中的弹簧和电话线等。螺旋线的绘图步骤如下。

(1) 启动修订云线命令的方法有:① 选择【绘图】/【螺旋】命令;② 在命令行输入"Helix",并按回车键。

(2) 执行命令后,命令行提示信息如下。

```
命令:_Helix
圈数= 3.0000   扭曲= CCW
指定底面的中心点:                    //任选一点
指定底面半径或[直径(D)]<1.0000>:3   //指定底面半径 3
指定顶面半径或[直径(D)]<3>:2         //指定顶底面半径 2
指定螺旋高度或[轴端点(A)/圈数(T)/圈高(H)/扭曲(W)]<1.0000>:t
//输入 T 表示对螺旋线的圈数进行规定
输入圈数<3.000>:5 //指定螺旋线的圈数为 5
指定螺旋高度或[轴端点(A)/圈数(T)/圈高(H)/扭曲(W)]<10.000>:10
//指定螺旋高度为 10,如图 3-48 所示
```

图 3-48 螺旋线的绘制

任务 8 图案填充

图案填充是 AutoCAD 常用的命令之一,是用图案去填充图形中某个封闭区域,从而使该区域表达一定的信息。在剖面图中使用不同的图案填充可表现出不同部位的不同材质。在建筑施工图绘制的过程中,利用图案填充也可以表达不同的材料、表现不同的材质,并具有丰富的图形效果。

1. 图案填充

图案填充的操作步骤如下。

(1) 启动图案填充命令的方法有:① 在"绘图"工具栏或面板上点击"图案填充"按钮;

② 选择【绘图】/【图案填充】命令;③ 在命令行输入"Hatch",并按回车键。

(2) 执行命令后,将弹出"图案填充"面板,如图 3-49 所示。

图 3-49 "图案填充"面板

在"图案填充"面板中所显示的内容有以下几个部分。

① 边界。

填充边界用于确定图案的填充范围,其包含五个按钮,分别介绍如下。

●"拾取点"按钮:通过点击围绕指定点构成封闭区域的现有对象确定边界。如果区域未封闭则不能拾取。

命令:_hatch
拾取内部点或 [选择对象(S)/放弃(U)/设置(T)]:_K
拾取内部点或 [选择对象(S)/放弃(U)/设置(T)]:正在选择所有对象…↙

●"选择"按钮:根据封闭区域的边界来选定图案填充的边界。命令栏将会提示用户选择对象。

选择对象或 [拾取内部点(K)/放弃(U)/设置(T)]: //选择填充的对象,所选界限范围内将被填充

●"删除"按钮:可从边界定义中删除之前添加的任何对象。

●"重新创建"按钮:围绕选定的图案填充或填充对象创建多段线或面域,并使其与图案填充对象相关联。单击"重新创建边界"时,命令行提示如下。

输入边界对象类型 [面域(R)/多段线(P)]<当前> : //可输入"R"创建面域或输入"P"创建多段线

要重新关联图案填充与新边界吗?[是(Y)/否(N)]<当前> : //输入"Y"或"N"

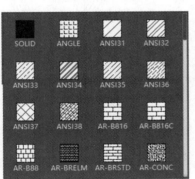

图 3-50 图案样例表

●"边界"按钮:下拉菜单,可对边界特性进行修改。

② 图案。

"图案"下拉列表框:在对话框中,单击"图案"右下角的按钮，将弹出图案填充样例表,如图 3-50 所示。可以根据绘图需要,选用一种图案。

"样例"列表框:用于显示选定图案的预览。

③ 特性。

此选项主要针对填充图案的特性进行设置和修改。其主要有七个按钮,分别如下。

●"图案填充类型":包括实体、渐变色、图案、用户定义等。

●"图案填充颜色":可对填充部分颜色进行更改。

●"背景色":可选择背景颜色,通常选择"无"。

●"透明度":可上下调整,也可直接输入数字更改填充部分的透明度。

●"角度":可以直接输入角度值。

●"填充图案比例":可以选择所需比例,或者直接输入比例值。

●"特性"下拉菜单:用于其他特性修改。

④ 原点。

原点用于控制和确定填充图案的起始位置,某些图案的填充需要与图案填充边界上的一点对齐。在默认情况下,所有图案填充原点都对应于当前的坐标原点。

⑤ 选项。

此选项项用于设置几个常用的图案填充或填充选项,具体如下。

● "关联":控制图案填充的关联。当用于定义区域边界的对象发生移动或修改时,该区域内的填充图案将自动更新,重新填充新的边界。默认情况下,创建的图案填充区域是关联的。

● "注释性":使用注释性图案填充可以通过符号形式表示材质。注释性填充是按照图纸尺寸进行定义的。创建注释性填充对象首先应指定填充的对象,然后选中注释性复选框,单击【确定】按钮即可创建注释性填充对象。

● "创建独立的图案填充":当制定了几个独立的闭合边界时,其用于指定是创建单个图案填充对象还是创建多个图案填充对象。

2. 渐变色填充

渐变色填充只需在"特性"命令中"图案填充类型"中选择渐变色即可,渐变色可以采用两种颜色渐变,也可以用同一种颜色进行填充,其填充方法与图案填充相同,此处不再详细介绍。

3. 图案填充的编辑

图案填充后,仍可以对已填充部分进行修改。具体操作步骤如下。

(1) 启动图案填充编辑命令的方法有:① 选择【修改】/【对象】/【图案填充】命令;③ 在命令行输入"Hatchedit",并按回车键。

(2) 执行命令后,用鼠标双击要修改的填充部分,然后在弹出的图案填充编辑对话框中,对图案进行修改,其修改方法与图案填充的绘制相同。

例 3.10 绘制如图 3-51 所示配件图形。

具体绘制步骤如下。

(1) 绘制外部轮廓,如图 3-52 所示。

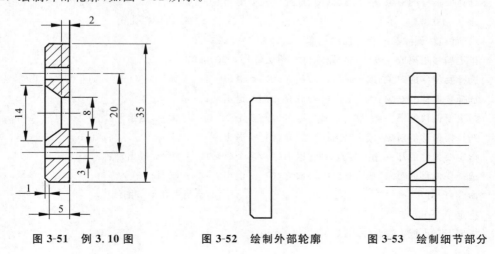

图 3-51 例 3.10 图   图 3-52 绘制外部轮廓   图 3-53 绘制细节部分

```
命令:_line
指定第一个点:
指定下一点或[放弃(U)]:6
指定下一点或[放弃(U)]:35
指定下一点或[闭合(C)/放弃(U)]:6
指定下一点或[闭合(C)/放弃(U)]:c
命令:_chamfer                    //"修剪"模式
当前倒角距离 1= 1.0000,距离 2= 1.0000
选择第一条直线或[放弃(U)/多段线(P)/距离(D)/角度(A)/修剪(T)/方式(E)/多个(M)]:D
指定 第一个 倒角距离 < 1.0000> :1
指定 第二个 倒角距离 < 1.0000> :1
选择第一条直线或[放弃(U)/多段线(P)/距离(D)/角度(A)/修剪(T)/方式(E)/多个(M)]:
选择第二条直线,或按住 Shift 键选择直线以应用角点或[距离(D)/角度(A)/方法(M)]:CHAMFER
                                 //"修剪"模式
当前倒角距离 1= 1.0000,距离 2= 1.0000
选择第一条直线或[放弃(U)/多段线(P)/距离(D)/角度(A)/修剪(T)/方式(E)/多个(M)]:
选择第二条直线,或按住 Shift 键选择直线以应用角点或[距离(D)/角度(A)/方法(M)]:
```

(2) 绘制细节部分,如图 3-53 所示。

```
命令:_line
指定第一个点:                        //绘制下孔线
指定下一点或[放弃(U)]:
指定下一点或[放弃(U)]:↙
命令:_offset                        //绘制、偏移各孔线
当前设置:删除源= 否  图层= 源  OFFSETGAPTYPE= 0
指定偏移距离或[通过(T)/删除(E)/图层(L)]< 0.0000> : 20
选择要偏移的对象,或[退出(E)/放弃(U)]< 退出> :
指定要偏移的那一侧上的点,或[退出(E)/多个(M)/放弃(U)]< 退出> :
选择要偏移的对象,或[退出(E)/放弃(U)]< 退出> :
命令:OFFSET                         //绘制、偏移各孔线
当前设置:删除源= 否  图层= 源  OFFSETGAPTYPE= 0
指定偏移距离或[通过(T)/删除(E)/图层(L)]< 20.0000> : 3
选择要偏移的对象,或[退出(E)/放弃(U)]< 退出> :
选择要偏移的对象,或[退出(E)/放弃(U)]< 退出> :
指定要偏移的那一侧上的点,或[退出(E)/多个(M)/放弃(U)]< 退出> :
选择要偏移的对象,或[退出(E)/放弃(U)]< 退出> :
指定要偏移的那一侧上的点,或[退出(E)/多个(M)/放弃(U)]< 退出> :
选择要偏移的对象,或[退出(E)/放弃(U)]< 退出> : * 取消*
命令:LINE                           //绘制中孔细节图线
指定第一个点:
指定下一点或[放弃(U)]:2
```

指定下一点或［放弃（U）］：

指定下一点或［闭合（C）/放弃（U）］:命令:LINE

指定第一个点：

指定下一点或［放弃（U）］:2

指定下一点或［放弃（U）］：

指定下一点或［闭合（C）/放弃（U）］：

（3）图案填充部分，如图 3-54 所示。

命令:_hatch

拾取内部点或［选择对象（S）/放弃（U）/设置（T）］:正在选择所有对象…

正在选择所有可见对象…   //选择图案填充部分

正在分析所选数据…

正在分析内部孤岛…

拾取内部点或［选择对象（S）/放弃（U）/设置（T）］：

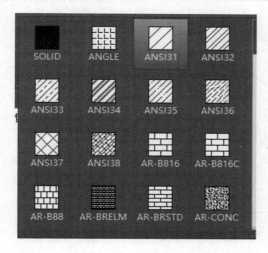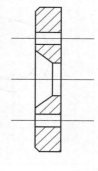

图 3-54　图案填充部分

 习　题

1. 绘制如图 3-55 所示的图形。

2. 绘制如图 3-56 所示的图形。

3. 绘制如图 3-57 所示的图形。

4. 绘制如图 3-58 所示的图形。

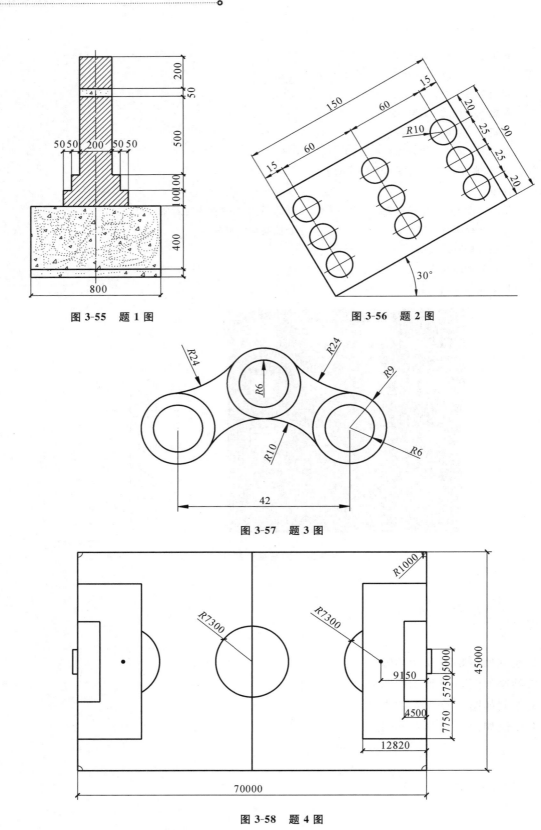

图 3-55 题 1 图

图 3-56 题 2 图

图 3-57 题 3 图

图 3-58 题 4 图

学习情境 4

图形的编辑修改

教学目标

掌握了二维图形的基本绘制方法后再学习本章,使学生掌握图形绘制的同时能够对对象进行编辑修改,并能够使用绘图工具和编辑命令绘制复杂的图形及修改图形,从而掌握绘图技巧。

教学重点与难点

(1) 对图元进行复制、移动与旋转。

(2) 对图元进行镜像、阵列与偏移。

(3) 对图元进行修剪、延伸与缩放。

(4) 对相交直线进行倒角和圆角的修改。

在 AutoCAD 2016 中,单纯使用绘图命令或绘图工具只能绘制一些基本的图形,而我们要绘制的图形一般都比较复杂,因此我们必须要借助图形的修改编辑命令。AutoCAD 2016 提供了多种图形编辑工具,使得绘图变得更加高效。

调取 AutoCAD 图形编辑命令最常用的办法是单击"修改"工具栏中的图标按钮,如图 4-1 所示;其中相应图标也可从【修改(M)】下拉菜单中选择命令,如图 4-2 所示。该下拉菜单中的命令更全面,而"修改"工具栏中的图标按钮则更为便捷。

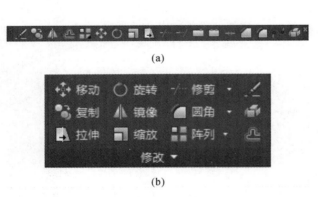

(a)

(b)

图 4-1 "修改"工具栏   图 4-2 【修改(M)】下拉菜单

任务 1 选择对象的方法

在对图形进行编辑时,首先要选择编辑对象,这些对象的集合称为选择集,它可以是一个对象也可以是由多个对象组成的,只有选定了编辑的对象后,才可以准确地修改和编辑图形。当启动编辑命令后,十字光标变成"□"时,或者命令行提示"选择对象"时,即可开始选择对象。AutoCAD 2016 为我们提供了多种选择方法,如点选、框选、快速选择等。

1. 点选对象

点选对象即逐个选取对象,它是最简单也是最常用的一种选择对象方式。只需用十字光标在绘图区中直接单击需选对象即可,连续单击不同的对象可同时选择多个对象。在未执行任何命令的情况下,被选择的对象将以蓝线显示。如图 4-3 所示为连续单击选择圆形和三角形的效果。

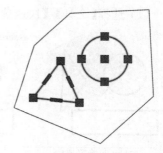

图 4-3　点选对象

2. 框选对象

框选对象就是按住鼠标左键不放进行对象的选择,松开鼠标时即框选完成。AutoCAD 2016 中的框选方式分为从左向右框选和从右向左框选两种方式。

(1) 从左向右框选:将十字光标移到图形对象的左上角,按住鼠标左键不放向右下角拖动,释放鼠标后,被淡蓝色选择框完全包围的对象将被选择,如图 4-4 所示。

(2) 从右向左框选:与左框选方向相反,将十字光标移到图形对象的右下角,按住鼠标左键不放向左上角拖动,释放鼠标后,与绿色选择框相交及完全被包围的对象将被选择,如图 4-5 所示。

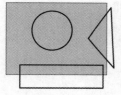 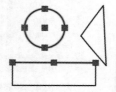 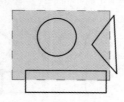 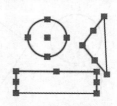

(a) 从左向右框选　　(b) 释放鼠标后选择效果　　(a) 从右向左框选　　(b) 释放鼠标后选择效果

图 4-4　从左向右框选对象　　　　图 4-5　从右向左框选对象

在执行编辑命令的过程中,当命令栏中出现【选择对象:】的信息提示时,如果执行 Windows(W)命令,则无论从哪个方向开始框选,都等同于左向框选,该方式称为矩形窗选;如果执行 Crossing(C)命令,则无论从哪个方向开始框选,都等同于右框选,该方式也称为交叉框选。

3. 多边形框选对象

若启动编辑命令之后,命令栏有【选择对象:】提示时,在命令栏输入 WP,则可根据提示建立蓝色多边形选框,完全包含在多边形中的对象被选中,如图 4-6 所示。

若启动编辑命令之后,命令栏有选择【对象提示:】时,在命令栏输入 CP,则可根据提示建立绿色多边形选框,那么只要有部分包含在多边形中的对象即被选择,如图 4-7 所示。

4. 使用划线选对象

若启动编辑命令之后,命令栏有【选择对象:】提示时,在命令栏输入 F,则依据提示绘制一条开放的多段线,则所有与该线接触的对象均被选中,按回车键结束,如图 4-8 所示。

5. 快速选择对象

快速选择对象是一种比较特殊的方法,该方法可以快速选择具有特殊属性的对象,并且能在选择集中添加或删除对象。

（1）选择【工具】/【快速选择】命令，弹出【快速选择】对话框，如图例 4-9 所示。

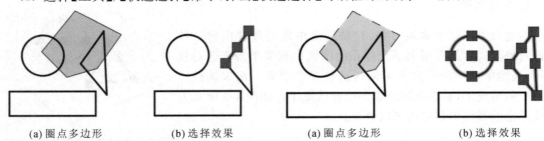

(a) 圈点多边形　　(b) 选择效果　　　(a) 圈点多边形　　(b) 选择效果

图 4-6　WP 多边形框选对象　　　　**图 4-7　CP 多边形框选对象**

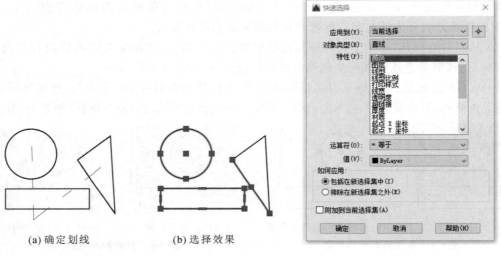

(a) 确定划线　　　　(b) 选择效果

图 4-8　使用划线选对象　　　　**图 4-9　快速选择对话框**

（2）通过修改【应用到（Y）】【对象类型（B）】【特性（P）】下拉列表框等选择限制条件。例如，在【应用到（Y）】下拉列表中下选择【整个图形】；在【对象类型（B）】选择【所有图元】；在【特性（P）】下拉列表中选择【线性】；在【运算符（O）】下拉列表中选择【＝】；在【值（V）】下拉列表中选择【细实线】；在【如何应用】选项组中选择【包括在新选择集中（I）】单选框。

（3）点击 确定 按钮，按照以上设置的限制，图形中所有细实线的对象被选择，【快速选择】对话框自动关闭。

6. 选择集中添加或删除对象

大量选择对象后，如果发现漏选了对象或多选了不需要选择的对象，则可以修改选择集，在其中添加或删除对象。

1）向选择集中添加对象

在编辑命令中选择对象的时，使用除逐个选择方式之外的其他选择方式后，仍需要向"选择集"中添加其他对象，则可以在【选择对象：】提示信息后输入【A】（Add）并按回车键，再次使用任意一种选择对象的方式添加需要补选的对象。

2）从选择集中删除对象

在编辑命令中使用除单个选择方式之外的其他选择方式时，如果误选了不需要的对象，则可以在【选择对象：】提示信息后输入【R】（Remove）并按回车键，再次使用任意一种选择对象的方式选择要删除的对象即可将其从选择集中删除。

> 说明：按住 Shift 键，同时鼠标左键单击选择集中的某个对象也可将其从选择集中删除。但如果在【选项】对话框的【选择集】选项卡中选中【用 Shift 键添加到选择集】复选框，这个方法则可直接向选择集中添加对象。

任务 2 图形的删除与恢复

在绘图过程中，经常需要绘制辅助线来进行定位，而绘图结束后这些起到辅助作用的线往往会影像图形的整体性。因此，往往要将这些辅助线删除；如果误删除了图形对象，还可以将其恢复到绘图区。

1. 删除对象

删除对象操作步骤如下。

（1）启动删除命令的方法有：① 在"修改"工具栏中单击"删除" 按钮；② 选择【修改】/【删除】命令；③ 在命令行输入"Erase"，并按回车键。

（2）依次选择需要删除的对象，再按回车键即可删除所选的对象。

在删除对象时可以先选择对象再点击删除命令，也可以先点击删除命令再根据提示选择要删除的对象。此时，选择对象的方法可以是任何一种。按 Delete 键也可以删除选择的对象，但该方法只适用于先选择对象后按 Delete 键。

2. 恢复对象

如果误删了应保留的图形对象，可以选择恢复，而不必重新绘制。恢复误删图形的方法是单击"标准"工具栏中的"重做" 按钮（或按 Ctrl＋Y 组合键），可以恢复上一步放弃的操作，连续单击可以连续恢复前面放弃的操作。也可以点击该按钮右侧的 按钮，在下拉列表中可以选择需要恢复的多步操作，而不必一一点取。

任务 3 图形复制

在绘图过程中经常会需要绘制多个相同的对象，针对这一情况，可以通过复制的方法快速生成相同的图形，也可以根据所需位移、角度将已有图形复制到指定位置，从而提高绘图效率。

1. 操作步骤

（1）启动复制命令的方法有：① 在"修改"工具栏或快捷菜单栏面板上单击"复制" 🔘 按钮；② 选择【修改】/【复制】命令；③ 在命令行输入"copy"，并按回车键。

（2）点击"复制"命令后，命令行提示信息如下。

```
命令：_copy
选择对象：                                    //用合适的方法选择要复制的图形对象
窗交(C)套索   按空格键可循环浏览选项找到 n 个
当前设置：  复制模式= 多个
指定基点或［位移(D)/模式(O)］<位移>：         //指定复制的基点
指定第二个点或［阵列(A)］<使用第一个点作为位移>：  //指定复制的目标点
指定第二个点或［阵列(A)/退出(E)/放弃(U)］< 退出 >：  //可继续复制
指定第二个点或［阵列(A)/退出(E)/放弃(U)］< 退出 >：  //单击右键确认，或按回车键，完成复制
```

2. 使用剪切复制

一般软件通用的利用剪贴板复制粘贴的方法在 AutoCAD 中也适用，其步骤如下。

（1）采用合适的方法选择要复制的对象。

（2）单击鼠标右键选择【复制】或按"Ctrl＋C"键，则图形被复制到剪贴板。

（3）单击鼠标右键选择【粘贴】或按"Ctrl＋V"键，则图形从剪贴板粘贴到绘图区。

（4）单击鼠标确定位置即可。

该方法适用于在一个图形中复制多个相同图形，也可以从其他软件中复制图形到 AutoCAD 界面图形中来。

任务 4 图形的镜像

镜像命令可以绕指定轴翻转对象创建对称的镜像图像。因此，对于对称的图形只需绘制其中一侧，另一侧通过镜像命令即可获得，这也可以提高绘图效率。镜像命令的操作步骤如下。

（1）启动镜像命令的方法有：①在"修改"工具栏或面板上单击"镜像" 🔺 按钮；② 选择【修改】/【镜像】命令；③ 在命令行输入"Mirror"，并按回车键。

（2）执行命令后，命令行提示信息如下。

```
选择对象：                           //选择要镜像的源图形对象
选择对象：✓                          //选取完毕
指定镜像线的第一点：                   //确定镜像线上第一点
指定镜像线的第二点：                   //确定镜像线上第二点
要删除源对象吗？［是(Y)/否(N)］< N >：   //选择是否保留源图形对象
```

■ 例 4.1   利用镜像命令，补全图 4-10 中的窗。

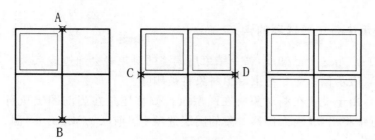

图 4-10　镜像复制图形

具体绘图步骤如下。

> 命令:_mirror
> 选择对象:找到 1 个　　　　　//选取镜像对象即左上角的正方形
> 选择对象:↙
> 指定镜像线的第一点:A 点
> 指定镜像线的第二点:B 点
> 要删除源对象吗?[是(Y)/否(N)]<否> :↙
> 命令:MIRROR
> 选择对象:找到 1 个
> 选择对象:找到 1 个,总计 2 个　　//选取镜像对象即上方两个正方形
> 选择对象:↙
> 指定镜像线的第一点:C 点
> 指定镜像线的第二点:D 点
> 要删除源对象吗?[是(Y)/否(N)]<否> :↙

任务 5 图形的偏移

使用偏移命令可以创建与源对象平行的直线,也可创建更大或更小的同心圆或圆弧,大小取决于偏移在哪一侧。

1. 操作步骤

(1) 启动偏移命令的方法有:①在"修改"工具栏或面板上点击"偏移"　按钮;②选择【修改】/【偏移】命令;③在命令行输入"Offset",并按回车键。

(2) 执行"偏移"命令后,命令行提示信息如下。

> 当前设置:删除源= 否　图层= 源　OFFSETGAPTYPE= 0
> 指定偏移距离或 [通过(T)/删除(E)/图层(L)]< 通过 > :　//输入偏移量,可以直接输入一个数值,也
> 　　　　　　　　　　　　　　　　　　　可通过点击两点的距离来确定偏移量
> 选择要偏移的对象,或 [退出(E)/放弃(U)]< 退出 > :　//选择要偏移的对象
> 指定要偏移的那一侧上的点,或 [退出(E)/多个(M)/放弃(U)]< 退出 > :
> 　　　　　　　　　　　　　　　　　　　//选择偏移后的对象位于源对象的哪一
> 　　　　　　　　　　　　　　　　　　　侧,用鼠标左键单击即可

2. 命令行提示中各主要选项的含义

（1）通过（T）：点击一个已知点，命令结束后偏移的对象将会通过该点。

（2）删除（E）：表示偏移命令结束后源对象将被删除。

（3）图层（L）：用于设置在源对象所在图层执行偏移还是在当前图层执行偏移操作。选择该选项后，命令行中将出现【输入偏移对象的图层选项 ［当前（C）/源（S）]＜源＞：】提示信息，其中 C 表示当前图层，S 表示源图层。

> **说明**：偏移命令只能用直接拾取的方式，一次点选一个对象进行偏移；不能对点、图块、属性和文本等进行偏移。如果选择直线偏移，则偏移后的直线长度不变；如果选择圆或矩形等偏移，则偏移后的对象将被同心放大或缩小。

任务 6 图形的阵列

利用阵列命令可以快速复制多个与已有图形相同，且按矩形或环形规律分布的多个对象。

（1）启动阵列命令的方法有：① 在"修改"工具栏或面板上单击"阵列" ▦ 按钮；② 选择【修改】/【阵列】命令；③ 在命令行输入"Array"，并按回车键。

（2）"阵列"命令包括矩形阵列、路径阵列和环形阵列三种方式，本书中将针对常用的矩形阵列和环形阵列进行讲解。

（3）点击"矩形阵列"命令后，可以以矩形阵列方式复制对象。

① 选择对象：选择要阵列的源图形，按回车键或右击确定选择对象，【选择对象：】提示后命令栏会提示当前选中对象的数目。按回车键确定后命令栏会有相应的提示，如图 4-11 所示。

× 🔧 ▦ - ARRAYRECT 选择夹点以编辑阵列或 [关联(AS) 基点(B) 计数(COU) 间距(S) 列数(COL) 行数(R) 层数(L) 退出(X)] <退出>：

图 4-11　矩形阵列命令提示栏

② "行数（R）"：输入矩形阵列的行数。

③ "列数（COL）"：输入矩形阵列的列数。

行数和列数命令也可以用"计数（COU）"实现。

④ "间距（S）"：可以输入横向和竖向的距离（即 X 与 Y 的偏移量），也可以用鼠标左键点击选取。

> **说明**：行间距和列间距有正负之分，行间距为正值时，向上阵列（即 Y 轴正方向）；行间距为负值时，向下阵列（即 Y 轴负方向）。列间距为正时，向右阵列（即 X 轴正方向）；列间距为负时，向左阵列（即 X 轴负方向）。

■ **例 4.2**　使用阵列命令将图 4-12(a)所示的图形矩形阵列 2 行 3 列，如图 4-12(b)所示。窗外框边长 100，内框正方形边长为 40。阵列后行偏移 120，列偏移 130。

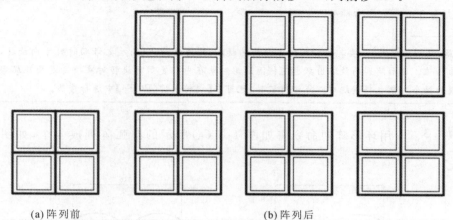

(a) 阵列前 (b) 阵列后

图 4-12　矩形阵列绘图

具体操作步骤如下。

```
命令:_arrayrect
窗交(C)套索　按空格键可循环浏览选项找到 7 个
选择对象:↙
类型= 矩形　关联= 否
选择夹点以编辑阵列或［关联(AS)/基点(B)/计数(COU)/间距(S)/列数(COL)/行数(R)/层数(L)/退
出(X)］< 退出> :R
输入行数数或［表达式(E)］< 3> :2
指定 行数 之间的距离或［总计(T)/表达式(E)］< 0> :120
指定 行数 之间的标高增量或［表达式(E)］< 0> :
选择夹点以编辑阵列或［关联(AS)/基点(B)/计数(COU)/间距(S)/列数(COL)/行数(R)/层数(L)/退
出(X)］< 退出> :COL
输入列数数或［表达式(E)］< 4> :3
指定 列数 之间的距离或［总计(T)/表达式(E)］< 0> :130
选择夹点以编辑阵列或［关联(AS)/基点(B)/计数(COU)/间距(S)/列数(COL)/行数(R)/层数(L)/退
出(X)］< 退出> :↙
```

（4）在命令栏中，点击"环形阵列"　　按钮，可以以环形阵列方式复制对象。

① 选择对象：选择要阵列的图形（可先选图形再点击环形阵列，也可先点击"环形阵列"按钮再选择对象），按回车键或右击确定选择对象。结束选择对象后，命令栏会有相应的提示，如图 4-13 所示。

× ✎ ✦· ARRAYPOLAR 指定阵列的中心点或 ［基点(B) 旋转轴(A)］:

图 4-13　环形阵列命令提示栏

② 中心点或基点：选择环形阵列的中心，即旋转中心。与被阵列对象本身中心无关。选择中心后命令栏会有相应的提示，如图 4-14 所示。

× ✦· ARRAYPOLAR 选择夹点以编辑阵列或 ［关联(AS) 基点(B) 项目(I) 项目间角度(A) 填充角度(F) 行(ROW) 层(L) 旋转项目(ROT) 退出(X)］<退出>:

图 4-14　环形阵列命令提示栏

③ 在"项目(I)"中输入项目总数,为需要阵列的数目;输入 F 可对填充角度等进行修改,填充角度默认为 360°。

> **注意**:环形阵列时,若要其沿逆时针方向旋转,输入的角度为正值;反之沿顺时针方向旋转,则输入的角度为负值。环形阵列的最终份数也包括源图形对象在内。复制时旋转对象项目是指在环形阵列的同时生成的每个对象也将围绕中心点进行旋转,也可在【旋转项目(ROT)】中进行修改。

例 4.3 用环形阵列命令将如图 4-15(a)所示的圆弧阵列成 4 个,如图 4-15(b)所示。

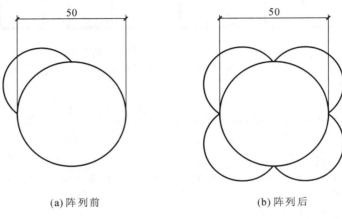

(a) 阵列前　　　　　　　　(b) 阵列后

图 4-15　环形阵列

```
命令:_arraypolar
选择对象:找到 1 个
选择对象:↙
类型= 极轴　关联= 否
指定阵列的中心点或 [基点(B)/旋转轴(A)]:　　　//点击圆心
选择夹点以编辑阵列或 [关联(AS)/基点(B)/项目(I)/项目间角度(A)/填充角度(F)/行(ROW)/层(L)/旋转项目(ROT)/退出(X)]< 退出 >:I
输入阵列中的项目数或 [表达式(E)]< 6 > :4
选择夹点以编辑阵列或 [关联(AS)/基点(B)/项目(I)/项目间角度(A)/填充角度(F)/行(ROW)/层(L)/旋转项目(ROT)/退出(X)]< 退出 >:↙
```

任务 **7** 图形的旋转与移动

1. 图形的旋转

利用旋转命令可以调整源对象的摆放角度。具体操作步骤如下。

（1）启动旋转命令的方法有：①在"修改"工具栏或面板上单击"旋转" ⊙ 按钮；②选择【修改】/【旋转】命令；③ 在命令行输入"Rotate"，并按回车键。

（2）点击"旋转"命令后，命令行提示信息如下。

```
命令:_rotate
UCS 当前的正角方向：ANGDIR= 逆时针  ANGBASE= 0
选择对象：                    // 选取需要旋转的源对象,此时会有提示选取对象
                               数目
选择对象：                    // 按回车键或右击确认选取
指定基点：                    // 选择旋转基点
指定旋转角度,或［复制(C)/参照(R)]<0>： // 指定旋转角度,可直接输入,也可鼠标点取
```

（3）命令行提示中各主要选项的含义如下。

复制（C）：可在旋转图形的同时，保留源对象。

参照（R）：以参照方式旋转图形，即鼠标点选角度值或方向，作为旋转方向。

旋转角度也有正、负之分，输入角度为正，则图形按逆时针方向旋转，反之则按顺时针方向旋转。

■ **例 4.4**　旋转如图 4-16（a）所示的图形。

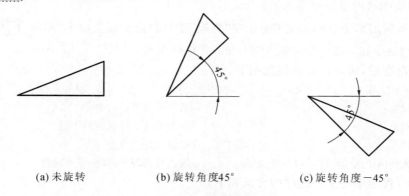

（a）未旋转　　　　（b）旋转角度45°　　　　（c）旋转角度−45°

图 4-16　旋转图形

① 执行"旋转"命令。

② 在【选择对象:】命令行提示下:选择左下角为旋转基点。

③ 在【指定旋转角度或［复制(C)/参照(R)]<0>:】命令行提示下:输入 45°得到图形如图 4-16(b)图所示;输入−45°得到图形如图 4-16(c)所示。

2. 图形的移动

对象创建完成后，如需调整其位置可以从源对象以指定的角度和方向来移动对象，但不改变图形的方向和大小。在这个过程中，对象捕捉、栅格捕捉、坐标输入等都可以辅助精确的移动。图形移动的操作步骤如下。

（1）启动移动命令的方法有：①在"修改"工具栏或面板上单击"移动" ✛ 按钮；② 选择【修改】/【移动】命令；③ 在命令行输入"Move"，并按回车键。

（2）执行"移动"命令后，命令行提示信息如下。

选择对象：	//选择需要移动的对象,会提示选择对象数目
选择对象：	//右击确认选择,或按回车键
指定基点或［位移(D)］<位移>：	//指定移动的基点
指定第二个点或<使用第一个点作为位移>：	//指定移动到的目标点

(3) 命令行提示中各主要选项的含义如下。

① 指定基点:指定移动对象的开始点。移动距离和方向的计算都会以此为基准。

② 位移(D):确定移动终点。即移动距离和方向的X,Y值,因此可直接输入相对坐标或通过目标捕捉来准确定位终点位置。

任务 8 缩放图形

在X和Y方向使用相同的比例因子缩放对象,可以改变实体的尺寸大小,以及可以将整个对象或者对象的一部分沿X、Y方向以相应比例进行缩放,使对象变得更大或更小,但不改变它的高宽比。缩放图形的操作步骤如下。

(1) 启动缩放图形命令的方法有:① 在"修改"工具栏或面板上单击"缩放"□按钮;② 选择【修改】/【缩放】命令;③ 在命令行输入"Scale",并按回车键。

(2) 执行命令后,命令行提示信息如下。

命令:_scale	
选择对象：	//选择要缩放的对象
选择对象：	//右击确认选择或按回车键
指定基点：	//指定缩放基准点
指定比例因子或［复制(C)/参照(R)］：	//输入比例因子,即缩放的倍数

(3) 命令行提示中各主要选项的含义如下。

① 复制(C):在对图形进行缩放的同时,复制源对象,即保留原有图形。

② 参照(R):按照长度和指定新长度的比例缩放所选对象。

当比例因子大于1时,图形放大;反之当比例因子小于1时,图形缩小。比例因子不允许为负值或0。

例4.5 将图4-17(a)所示的未知尺寸图形缩放至图4-17(b)所示的图形。

具体绘图步骤如下。

命令:_scale	
选择对象:指定对角点:找到4个	
选择对象：	//按回车键或右击确认选择
指定基点：	//选择A点作为缩放基点
指定比例因子或［复制(C)/参照(R)］<0.5000>:r	
指定参照长度<102.33>:指定第二点：	//选择A、B两点间距离作为参照长度
指定新的长度或［点(P)］<0.0000>:80	//输入新长度

作图完成,如图4-17(b)所示。

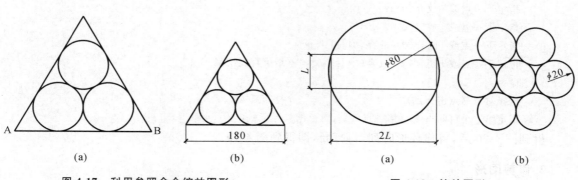

图 4-17　利用参照命令缩放图形　　　　　　　　　图 4-18　缩放图形

任务 9 打断、修剪和延伸操作

1.打断图形

在绘图过程中,可利用打断命令将一个图形对象分成两个对象或删除对象中的一部分。打断图形的操作步骤如下。

(1) 启动打断图形命令的方法有:① 在"修改"工具栏或面板上单击"打断" ▭ 按钮;② 选择【修改】/【打断】命令;③ 在命令行输入"Break",并按回车键。

(2) 执行命令后,命令行提示信息如下。

| 选择对象: | //点击要断开的第一点 |
| 指定第二个打断点或[第一点(F)]: | //点击所选对象上断开的第二点 |

以上点击对象时的点作为第一点,点击的第二个打断点作为第二点,两点之间的部分会被删除。在命令行输入【F】可重新定义第一点。

说明:① 如果断开的对象是圆弧,第一个打断点到第二个打断点之间沿逆时针方向包含的部分将被删除,圆通过打断可转换成圆弧。

② 使用打断于点命令 ▭ 时,可以将图形打断于一点,打断后的图形看起来并未改变,但实际线段以分为两部分。需要注意的是,打断于点的命令仅适用于直线、圆弧等,并不能用于完整的圆。

例 4.6　　使用打断命令绘制图形,如图 4-19 所示。

```
命令:_circle
指定圆的圆心或 [三点(3P)/两点(2P)/切点、切点、半径(T)]:
指定圆的半径或 [直径(D)]< 30.0000> :30
命令:_line
指定第一个点:                              //绘制 AB 处凸起部分
指定下一点或 [放弃(U)]:
指定下一点或 [放弃(U)]:
指定下一点或 [闭合(C)/放弃(U)]:
指定下一点或 [闭合(C)/放弃(U)]:            //结束直线绘制
命令:_break
选择对象:(点击 A 点)                        //打断弧 AB
指定第二个打断点 或 [第一点(F)]:           //点击 B 点
```

得到图 4-20 后,可作环形阵列,再打断,即得到图 4-19。

2. 修剪图形

通过修剪命令可以将已知边界线段内或外的对象修剪掉。修剪图形的操作步骤如下。

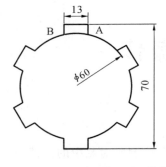

图 4-19　打断命令绘制图形

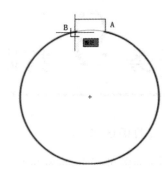

图 4-20　打断后

（1）启动修剪命令的方法有：① 在"修改"工具栏或面板上单击"修剪" ⊬ 按钮；② 选择【修改】/【修剪】命令；③ 在命令行输入"Trim",并按回车键。

（2）用修剪的方法绘制图 4-19,命令行提示如下。

```
命令:_trim
当前设置:投影= UCS,边= 无
选择剪切边 …
选择对象或 < 全部选择>:找到 1 个
选择对象:找到 1 个,总计 2 个                //选择竖线 A、B
选择对象:                                    //右击确认选择
选择要修剪的对象,或按住 Shift 键选择要延伸的对象,或
[栏选(F)/窗交(C)/投影(P)/边(E)/删除(R)/放弃(U)]:
                                            //选择弧 AB
选择要修剪的对象,或按住 Shift 键选择要延伸的对象,或
[栏选(F)/窗交(C)/投影(P)/边(E)/删除(R)/放弃(U)]:
                             //继续选择要修剪的对象或右击确认,如图 4-21 所示
```

（3）命令行提示中各主要选项的含义如下。

● 全部选择：使用该选项将选择所有可见图形对象作为剪切边界。

● 栏选（F）：指定围栏点，将多个对象修剪成单一对象。

● 窗交（C）：通过指定两个对角点来确定一个矩形窗口，选择该窗口内部或与矩形窗口相交的对象。

● 投影（P）：指定剪切对象时使用的投影模式。

● 边（E）：确定是在另一对象的隐含边处修剪对象，还是仅修剪对象到与在三维空间中相交的对象处，在三维绘图时才会用到该选项。

● 删除（R）：在执行修剪命令时，将选定的对象从图形中删除。

● 放弃（U）：放弃上一次的修剪操作。

例 4.7　用修剪命令修剪如图 4-22 所示图形。

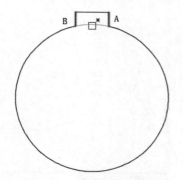

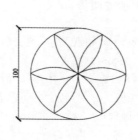

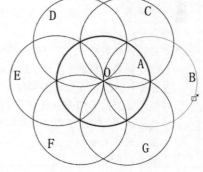

图 4-21　用修剪工具作图　　　　　　　　　　　　　图 4-22　例 4.7 图

```
命令:_circle
指定圆的圆心或［三点(3P)/两点(2P)/切点、切点、半径(T)］：
指定圆的半径或［直径(D)］<50.0000>:50
命令:_copy 找到 1 个
当前设置：复制模式= 多个
指定基点或［位移(D)/模式(O)］<位移>：            //圆 A 左象限点
指定第二个点或［阵列(A)］<使用第一个点作为位移>：//圆 A 圆心,得到圆 B
指定第二个点或［阵列(A)/退出(E)/放弃(U)］<退出>：
命令:_arraypolar 找到 1 个                      //圆 B
类型= 极轴  关联= 否
指定阵列的中心点或［基点(B)/旋转轴(A)］:圆心 O 点
选择夹点以编辑阵列或［关联(AS)/基点(B)/项目(I)/项目间角度(A)/填充角度(F)/行
(ROW)/层(L)/旋转项目(ROT)/退出(X)］<退出>：      //默认的 360 度阵列 6 个
命令:_trim
当前设置：投影= UCS,边= 无
选择剪切边…
选择对象或 <全部选择>:找到 1 个                  //选择圆 A
选择对象:↵
选择要修剪的对象,或按住 Shift 键选择要延伸的对象,或
```

[栏选(F)/窗交(C)/投影(P)/边(E)/删除(R)/放弃(U)]: //圆 B

选择要修剪的对象,或按住 Shift 键选择要延伸的对象,或

[栏选(F)/窗交(C)/投影(P)/边(E)/删除(R)/放弃(U)]: //圆 C

选择要修剪的对象,或按住 Shift 键选择要延伸的对象,或

[栏选(F)/窗交(C)/投影(P)/边(E)/删除(R)/放弃(U)]: //圆 D

选择要修剪的对象,或按住 Shift 键选择要延伸的对象,或

[栏选(F)/窗交(C)/投影(P)/边(E)/删除(R)/放弃(U)]: //圆 E

选择要修剪的对象,或按住 Shift 键选择要延伸的对象,或

[栏选(F)/窗交(C)/投影(P)/边(E)/删除(R)/放弃(U)]: //圆 F

选择要修剪的对象,或按住 Shift 键选择要延伸的对象,或

[栏选(F)/窗交(C)/投影(P)/边(E)/删除(R)/放弃(U)]: //圆 G

选择要修剪的对象,或按住 Shift 键选择要延伸的对象,或

[栏选(F)/窗交(C)/投影(P)/边(E)/删除(R)/放弃(U)]: //结束绘制,得到图形

例 4.8　　绘制如图 4-23 所示的图形。

命令:_circle

指定圆的圆心或 [三点(3P)/两点(2P)/切点、切点、半径(T)]:

指定圆的半径或 [直径(D)]< 0.0000> :40

命令:_polygon 输入侧面数 < 4> :3

指定正多边形的中心点或 [边(E)]:

输入选项 [内接于圆(I)/外切于圆(C)]< I> :I

指定圆的半径:40

命令:_arc

指定圆弧的起点或 [圆心(C)]:

指定圆弧的第二个点或 [圆心(C)/端点(E)]:

指定圆弧的端点: //三点画弧

…… //将 3 个弧画好

命令:_mirror

选择对象:找到 4 个,总计 4 个

选择对象:

指定镜像线的第一点:

指定镜像线的第二点: //选择镜像轴线

要删除源对象吗? [是(Y)/否(N)]< 否> :

命令:_trim

当前设置:投影= UCS,边= 无

选择剪切边…

选择对象或 < 全部选择> :找到 1 个 //选择一个三角形

选择对象:

选择要修剪的对象,或按住 Shift 键选择要延伸的对象,或

[栏选(F)/窗交(C)/投影(P)/边(E)/删除(R)/放弃(U)]: //点选删除部分

自主练习　　绘制如图 4-24 所示的图形。

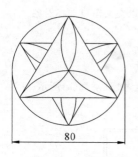

图 4-23　例 4.8 图

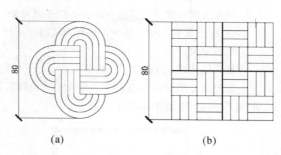

(a)　　　　　　(b)

图 4-24　自主练习图

任务 10 拉伸、拉长与延伸

1. 拉伸

利用拉伸命令可以将图形所选部分按指定的方向和角度进行拉长或缩短。在拉伸对象的选择上应注意用交叉窗口的方式或交叉多边形来选择需要拉长或缩短的对象。拉伸的操作步骤如下。

（1）启动拉伸命令的方法有：① 在"修改"工具栏或面板上单击"拉伸" 按钮；② 选择【修改】/【拉伸】命令；③ 在命令行输入"Stretch"，并按回车键。

（2）执行"拉伸"命令后，命令行提示信息如下。

命令：_stretch
以交叉窗口或交叉多边形选择要拉伸的对象…
窗交(C)套索　按空格键可循环浏览选项找到 n 个
选择对象：　　　　　　　　　　　　//右击确认选择
指定基点或 [位移(D)]< 位移>：　　　 //选择拉伸的基点
指定第二个点或 < 使用第一个点作为位移>：　//鼠标点击定位或输入拉伸位移点坐标

例 4.9　用拉伸命令将图 4-25(a)所示的图形向右拉伸 300 个单位。

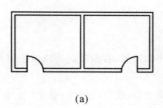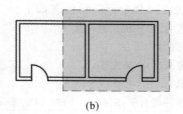

(a)　　　　　　　　(b)

图 4-25　例 4.9 图

命令:_stretch

以交叉窗口或交叉多边形选择要拉伸的对象… //如图 4-25(b)所示以交叉窗口选择对象

窗交(C)套索　按空格键可循环浏览选项找到 n 个

选择对象:

指定基点或[位移(D)]<位移>: //指定右下角点

指定第二个点或<使用第一个点作为位移>: //输入 300 拉伸长度,如图 4-26(a)所示

完成后的效果如图 4-26(b)所示。

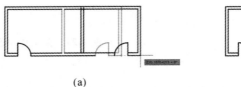 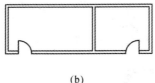

(a)   (b)

图 4-26　完成拉伸操作

2. 拉长

拉长命令可以修改圆弧的包含角和直线、圆弧、椭圆弧等对象的长度。在执行该命令选择对象时,只能用直接点取的方式来选择对象,且一次只能选择一个对象。拉长命令的操作步骤如下。

(1) 启动延伸命令的方法有:选择【修改】/【拉长】命令;或在命令行输入"Lengthen",并按回车键。

(2) 执行"拉长"命令后,命令行提示信息如下。

选择对象或[增量(DE)/百分数(P)/全部(T)/动态(DY)]:

(3) 命令行提示中各主要选项的含义如下。

● 增量(DE):指定增量修改对象的长度,该增量从距离选择点最近的端点处开始测量。

● 百分数(P):通过指定对象总长度的百分数设置对象长度。

● 全部(T):拉长后对象的长度等于指定的总长度。

● 动态(DY):通过拖动选定对象的端点之一来改变原长度,其他端点保持不变。

3. 延伸

延伸命令可以将直线、圆弧和多段线等对象延伸到指定的边界。

(1) 启动倒角命令的方法有:① 在"修改"工具栏或面板上单击"延伸" —／ 按钮;② 选择【修改】/【延伸】命令;③ 在命令行输入"Extend",并按回车键。

(2) 执行命令后,命令行提示信息如下。

当前设置:投影= UCS,边= 无

选择边界的边…:

选择对象或<全部选择>: //选择延伸的边界,右击确认选择或按回车键

选择对象:

选择要延伸的对象,或按住 Shift 键选择要修剪的对象,或[栏选(F)/窗交(C)/投影(P)/边(E)/放弃(U)]: //选择需要延伸的对象,右击确认选择或按回车键

(3) 命令行提示中各主要选项的含义如下。

● 栏选(F):选择与选择栏相交的所有对象。

● 窗交(C):采取右框选的方式来选择需要延伸的对象。

● 投影(P):指定延伸对象时使用的投影方式,在三维绘图时才会用到该选项。

● 边(E):将对象延伸到另一个对象的边,或仅延伸到三维空间中与其实际相交的对象,在三维绘图时才会用到该选项。

● 放弃(U):放弃上一次的延伸操作。

任务 11 倒角操作

1. 倒角

利用倒角命令可以为两条不平行的直线或多段线绘制出指定长度与倾斜度的倒角。倒角的操作步骤如下。

(1) ① 在"修改"工具栏或面板上单击"倒角" ◢ 按钮;② 选择【修改】/【倒角】命令;③ 在命令行输入"Chamfer",并按回车键。

(2) 执行命令后,命令行提示信息如下。

> ("修剪"模式)当前倒角距离 1= 0.0000,距离 2= 0.0000
> 选择第一条直线或[放弃(U)/多段线(P)/距离(D)/角度(A)/修剪(T)/方式(E)/多个(M)]:d
> 指定第一个倒角距离 < 0.0000> :5   //输入第一个倒角的距离 5
> 指定第二个倒角距离 < 5.0000> :   //输入第二个倒角的距离。如果直接按回车键,表示
>   第二个倒角距离与第一个倒角距离相同
> 选择第一条直线或[放弃(U)/多段线(P)/距离(D)/角度(A)/修剪(T)/方式(E)/多个(M)]:
>   //点击一条直线
> 选择第二条直线,或按住 Shift 键选择要应用角点的直线:
>   //点击另一条直线

(3) 命令行提示中各主要选项的含义如下。

● 放弃(U):放弃最后一步的操作。

● 多段线(P):以当前设置的倒角大小对整个多段线进行倒角修剪。

● 距离(D):设置倒角到两个选定边的端点的距离。

● 角度(A):设置倒角的距离和角度。

● 修剪(T):确定倒角后是否保留原拐角边。其中,选择"修剪(T)"选项,表示倒角后对倒角边进行修剪;选择"不修剪(N)"选项,表示不进行修剪。

● 方式(E):确定倒角处理的方式。

● 多个(M):在不结束命令的情况下对选择集进行对象操作。

例 4.10   用倒角命令倒出水平距离为 5,垂直距离为 10 的斜角,如图 4-27 所示。

> 命令:CHAMFER
> ("修剪"模式)当前倒角距离 1= 0.0000,距离 2= 0.0000
> 选择第二条直线,或按住 Shift 键选择直线以应用角点或[距离(D)/角度(A)/方法(M)]:D
> 指定 第一个 倒角距离 < 0.0000> :5

指定 第二个 倒角距离 < 5.0000> :10

选择第二条直线,或按住 Shift 键选择直线以应用角点或［距离(D)/角度(A)/方法(M)］:

完成操作后的效果如图 4-27 所示。

图 4-27　对图形倒角

2. 倒圆角

倒圆角与倒角的命令相似,利用圆角命令可以将两个线性对象用圆弧连接起来。倒圆角的操作步骤如下。

(1) 启动倒圆角命令的方法有:① 在"修改"工具栏或面板上单击"倒圆角" 按钮;② 选择【修改】/【倒圆角】命令;③ 在命令行输入"Fillet",并按回车键。

(2) 执行命令后,命令行提示信息如下。

当前设置:模式= 修剪,半径= 0.0000

选择第一个对象或［放弃(U)/多段线(P)/半径(R)/修剪(T)/多个(M)］:r

指定圆角半径 < 0.0000> :10

选择第一个对象或［放弃(U)/多段线(P)/半径(R)/修剪(T)/多个(M)］:　　　//直线 A

选择第二个对象,或按住 Shift 键选择要应用角点的对象:　　　//直线 B

(3) 命令行提示中各主要选项的含义如下。

● 放弃(U):放弃上一次的圆角操作。

● 多段线(P):在二维多段线中的每两条线段相交的顶点处创建圆角,圆角尺寸与当前设置的圆角半径大小相同。

● 半径(R):设置半径尺寸。

● 修剪(T):设置圆角后是否保留原拐角边。选择"修剪(T)"选项,表示加圆角后不保留原对象,对倒圆角边进行修剪;选择"不修剪(N)"选项,表示保留原对象,不进行修剪。

● 多个(M):在未结束命令的情况下对多个对象进行圆角设置,其尺寸均相同。

例 4.11　　用倒圆角命令倒出半径为 10 的圆角,分别修剪和不修剪,如图 4-28 所示。

图 4-28　对图形倒圆角(修剪)

命令:_fillet

当前设置:模式= 修剪,半径= 0.0000

选择第一个对象或［放弃(U)/多段线(P)/半径(R)/修剪(T)/多个(M)］:R

指定圆角半径 < 0.0000> :10

选择第一个对象或［放弃(U)/多段线(P)/半径(R)/修剪(T)/多个(M)］:　　　//直线 A

选择第二个对象,或按住 Shift 键选择对象以应用角点或［半径(R)］:　　　//直线 B

完成操作后的效果如图 4-28 所示。

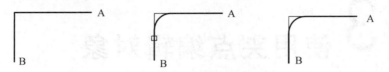

图 4-29 对图形倒圆角(不修剪)

命令:FILLET
当前设置:模式= 修剪,半径= 0.0000
选择第一个对象或[放弃(U)/多段线(P)/半径(R)/修剪(T)/多个(M)]:T
输入修剪模式选项[修剪(T)/不修剪(N)]< 修剪> :N
选择第一个对象或[放弃(U)/多段线(P)/半径(R)/修剪(T)/多个(M)]:R
指定圆角半径 < 0.0000> :10
选择第一个对象或[放弃(U)/多段线(P)/半径(R)/修剪(T)/多个(M)];   //直线 A
选择第二个对象,或按住 Shift 键选择对象以应用角点或[半径(R)]:   //直线 B

完成操作后的效果如图 4-29 所示。

任务 12 合并与分解

1. 合并

合并命令可以将相似的对象合并,最终形成一个整体的图形对象。

(1)启动合并命令的方法有:① 在"修改"工具栏或面板上单击"合并" ▬•▬ 按钮;② 选择【修改】/【合并】命令;③ 在命令行输入"Join",并按回车键。

(2)执行命令后,命令行提示信息如下。

选择源对象: //选择对象
选择要合并到源的对象:找到 2 个
选择要合并到源的对象: //右击确认选择或按回车键

完成操作后可将 2 条直线合并到源对象。

2. 分解

使用分解命令可以将由多个直线、圆弧等对象组合的多段线、矩形、多边形等进行分解。

(1)启动分解命令的方法有:① 在"修改"工具栏或面板上单击"分解" 🗃 按钮;② 选择【修改】/【分解】命令;③ 在命令行输入"Explode",并按回车键。

(2)执行命令后,命令行提示信息如下。

选择对象: //选择要分解的对象,按回车键结束命令

分解命令可将多线段、矩形、正多边形、多行文字等包含多项内容的一个整体对象分解成若干个独立的直线、圆弧等对象。当只需编辑这些对象中的一部分时,可选择该命令将对象分解。

任务 **13** 使用夹点编辑对象

在 AutoCAD 2016 中,无任何命令的状态下,直接选择对象,则出现选择对象呈蓝线显示的状态,被选择对象上出现蓝色小方块。这些小方块被称为"夹点"。

夹点是图形对象的特征点,每种图形都有各自的夹点。例如,直线有三个夹点,圆形有五个夹点,三角形有三个夹点,圆弧有四个夹点,如图 4-30 所示。用户可以通过移动加点直接对图形进行编辑,包括拉伸、移动、旋转、缩放等。

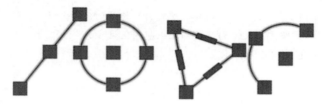

图 4-30　夹点

夹点有两种状态:热点和温点,可通过颜色来判断。首次选择呈现蓝色,属于"温点"状态,再次点击"温点"呈现红色,此时就是"热点"状态了。

处于热点状态时的图元就可以开始编辑了。夹点激活后处于拉伸状态,可按回车键或右键菜单选择,切换到其他编辑状态,对对象进行快速编辑。

例 4.12　绘制如图 4-31 所示的配件。

具体绘制步骤如下。

(1) 先用点画线绘制竖直方向和角度、圆弧的基准线。使用直线命令和偏移命令绘制如图 4-32 所示的基准线。

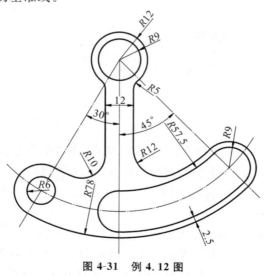

图 4-31　例 4.12 图

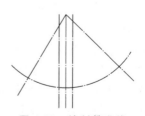

图 4-32　绘制基准线

（2）绘制如图 4-33 所示轮廓线。

（3）绘制细节线，如图 4-34 所示。

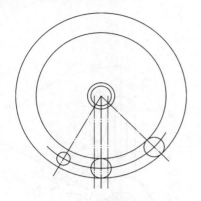

图 4-33　绘制轮廓线

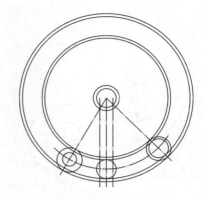

图 4-34　绘制细节线

（4）整理并修改轮廓线，修剪多余的辅助线，如图 4-35 所示。

（5）修剪部分辅助线，得到完成图如图 4-36 所示。

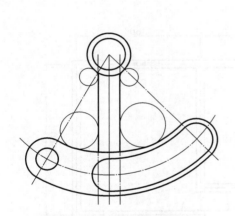

图 4-35　整理并修改轮廓线

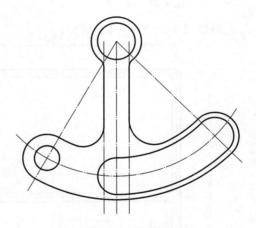

图 4-36　完成图

提示：绘制平面图形时，首先要分析平面图的组成部分，对图形进行尺寸分析和线段分类，预想好图形需要采取那些绘图命令，同时思考应选择哪种修改编辑工具能够得到所需图形。按照先绘制基准线、辅助线，再绘制已知线段、中间线段及连接线段，最后编辑修剪图形的步骤绘制图形。应注意圆弧上圆心的位置，明确多线的比例和对正选择，对阵列要分析好行、列间距等。

 习　题

1. 绘制如图 4-37 所示的图形。

2.绘制如图 4-38 所示的图形。

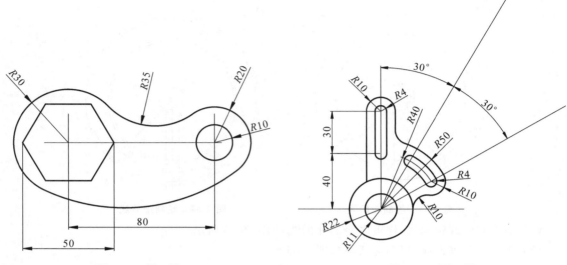

图 4-37　题 1 图　　　　　　　　　　图 4-38　题 2 图

3.绘制如图 4-39 所示的平面图。

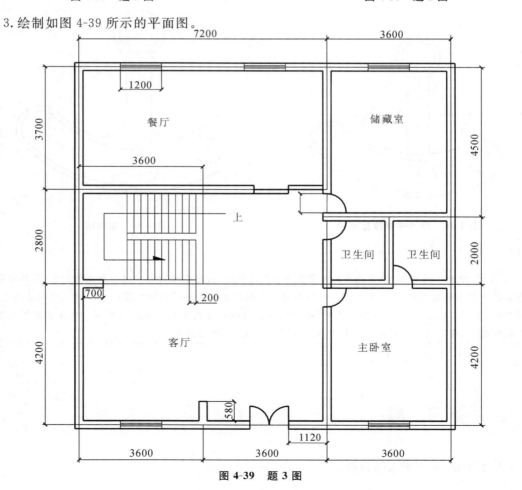

图 4-39　题 3 图

4.绘制如图4-40所示的图形。

5.补画图4-41的三视图。

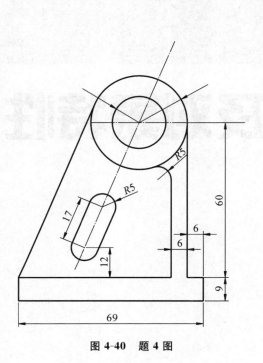

图 4-40　题 4 图

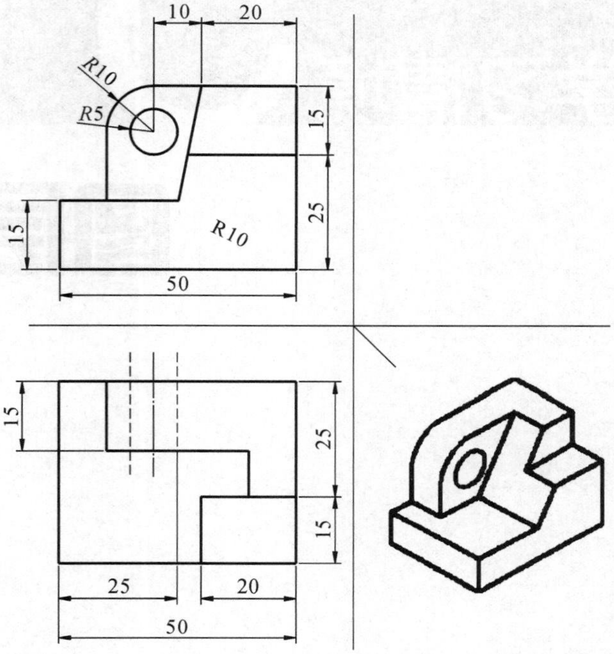

图 4-41　题 5 图

学习情境 5

图层及对象特性

教学目标

通过学习,了解图层的概念,掌握图层的创建方法、状态控制以及非连续线型比例的设置,掌握图层线型、线宽、颜色的概念和设置,能够熟练使用图层操作命令。

教学重点与难点

(1)图层基本操作:新建图层、删除图层、设置当前图层及图形在不同图层中的转换。

(2)设置图层的对象特性:设置图层的颜色、线型、线宽及打印样式。

(3)控制图层的状态:图层有打开、冻结、锁定三种状态,可以通过对它们进行设置来控制该层上的图形对象的可见性及可编辑性。

(4)使用图层绘制图形:对图形对象进行 类,将不同类型的对象绘制于不同的图层上。

图层用于按功能在图形中组织信息以及执行线型、颜色及其他标准。图层就相当于完全重合在一起的一些透明纸,用户可以任意选择其中一个图层绘制图形,而不会受到其他层上图形的影响。图层是图形中使用的主要组织工具,如图 5-1 所示。例如,可以使用图层将信息按功能编组,以及执行线型、颜色及其他标准。

墙
电气
家具

所有图层

图 5-1　按图形对象表达功能将其安排在不同的图层上

通过创建图层,可以将类型相似的对象指定给同一个图层使其相关联。例如,可以将构造线、文字、标注和标题栏置于不同的图层上。然后可以控制:① 图层上的对象是否在任何视口中都可见;② 是否打印对象以及如何打印对象;③ 为图层上的所有对象指定何种颜色;④ 为图层上的所有对象指定何种默认线型和线宽;⑤ 图层上的对象是否可以修改。每个图形都包括名为"0"的图层,不能删除或重命名图层"0"。该图层有两个用途:⑥ 确保每个图形至少包括一个图层;⑦ 提供与块中的控制颜色相关的特殊图层。

注意:创建几个新图层来组织图形,而不是将整个图形均创建在图层"0"上。

任务 1 创建和管理图层

可以使用图层控制对象的可见性,还可以使用图层将特性指定给对象,以及可以锁定图层以防止对象被修改。通过控制显示或打印哪些对象,可以降低图形视觉上的复杂程度并提高显示性能。例如,可以使用图层控制相似对象的特性和可见性;也可以锁定图层,以防止意外选定和修改该图层上的对象。创建和设置管理图层,主要通过"图层特性管理器"实现。

一、图层特性管理器

"图层特性管理器"的启动方式有:① 选择【格式】/【图层】命令;② 点击"图层"工具栏中的 按钮;③ 在命令行输入"layer"。

"图层特性管理器"用于显示图形中的图层的列表及其特性。例如,可以添加、删除和重命名图层,修改图层特性或添加说明。其中,"图层过滤器"用于控制在列表中显示哪些图层,还可用于同时对多个图层进行修改。

"图层特性管理器"对话框如图 5-2 所示,上面一排图标按钮的功能介绍如下。

(1) 新特性过滤器:显示"图层过滤器特性"对话框,从中可以基于一个或多个图层特性创建

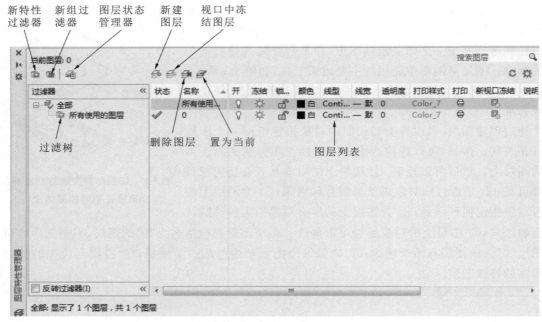

图 5-2　"图层特性管理器"对话框

图层"过滤器"(根据选定的条件过滤选择图层)。

(2)新组过滤器:创建一个新图层组过滤器,并将其添加到树状图中,输入新的名称。在树状图中选择"全部"过滤器或其他任何图层过滤器,以在列表视图中显示图层,然后将图层从列表视图拖动到树状图的新图层组过滤器中。可以使用标准选择方法,按住 Ctrl 键以选择多个图层名。按住 Shift 键,然后选择第一个和最后一个图层名,以连续选择所有图层。

(3)图层状态管理器:显示图层状态管理器,从中可以将图层的当前特性设置保存到命名图层状态中,以后可以再恢复这些设置。

(4)新建图层:创建新图层。列表中将显示名为【图层 1】的图层。该名称处于选中状态,从而用户可以直接输入一个新图层名。新图层将继承图层列表中当前选定图层的特性(如颜色、开/关状态等)。

(5)视口中冻结图层:创建新图层,然后在所有现有布局视口中将其冻结。

(6)删除图层:标记选定图层,以便进行删除。单击【应用】或【确定】按钮后,即可删除相应图层。只能删除未被参照的图层。参照图层包括图层 0 和 DEFPOINTS、包含对象(包括块定义中的对象)的图层、当前图层和依赖外部参照的图层。

(7)置为当前:将选定图层设置为当前图层,用户创建的对象将被放置到当前图层中。

二、创建新图层的步骤

(1)选择【格式】/【图层】命令。

(2)在图层特性管理器中,单击"新建图层"按钮。图层名【图层 1】将自动添加到图层列表中。

(3)在亮显的图层名【图层 1】上输入新图层名。

（4）修改图层的特性，单击相应的图标按钮按提示进行操作。在单击"颜色"、"线型"、"线宽"或"打印样式"图标按钮时，将显示相应的对话框。

（5）设置打印样式：此功能必须在【使用命名打印样式（N）】下才有效。例如，选中此选项，可以实现将红色的线条打印成绿色。

（6）单击【说明】列并输入文字，此功能是对图层或图层过滤器进行描述。

（7）单击【应用】保存修改，或者单击【确定】保存并关闭。

三、设置图层特性

图层特性主要包括图层的颜色、线型和线宽等。在"图层特性管理器"对话框的图层列表区中可以设置新建图层的这些特性。

1. 设置图层颜色

为了区分不同的图层，最好为不同的图层设置不同的颜色。新创建的图层默认颜色为白色，用户可根据需要改变图层颜色。

单击所选图层的颜色栏处，弹出如图 5-3 所示的【选择颜色】对话框，从【AutoCAD 颜色索引（ACI）】的 255 种颜色、真彩色颜色以及配色系统颜色中选择所希望的颜色，作为图层颜色。图形对象的"颜色控制"如果设定为【ByLayer（L）】，则可以保证在该图层上所绘制的所有图形对象都将具有这一种颜色。

2. 设置图层线型

新创建图层的默认线型为【Continuous】（连续线），用户可根据需要改变图层线型。单击该图层的线型栏处，弹出如图 5-4 所示的【选择线型】对话框，其中列出了已加载到当前图形中的线型，从中选择一种的线型，作为图层线型。

如果需要的线型不在图 5-4 所示的【选择线型】对话框列表中，用户可单击该对话框下面的【加载（L）…】按钮，打开如图 5-5 所示的【加载或重载线型】对话框，AutoCAD 为用户提供了标准的线型库，库文件名为【acadiso.lin】或【acad. lin】。多数线型有三种子类，如DOT、DOT2、DOTX2；DIVIPE、DIVIDE2、

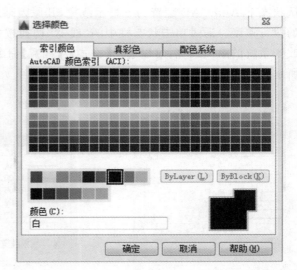

图 5-3 【选择颜色】对话框

DIVIDEX2 等。一般第一种线型是标准形式，第二、三种线型的比例分别是第一种线型的一半和两倍。若在【加载或重载线型】对话框的列表框中仍没有所需线型，用户可以自定义线型文件，然后单击"文件"按钮找到要设置线型所在的线型文件。

图 5-4 【选择线型】对话框

图 5-5 【加载或重载线型】对话框

3. 设置图层线宽

新创建图层具有默认线宽（默认线宽为 0.01 英寸或 0.25 毫米），用户可根据需要改变图层线宽。

单击该图层的线宽栏处，弹出如图 5-6 所示的【线宽】对话框。该对话框的列表栏中显示的可用线宽是由图形中最常用的固定值线宽组成的。可以从中选择一种线宽，作为图层线宽。

有时在图形中看不到对象实际设置的线宽，所有对象都是以默认线宽显示。这是因为在默认状态下 AutoCAD 配置为不显示线宽，其原因是若使用多个像素显示宽线条将降低 AutoCAD 的执行速度。通过单击状态栏中的"线宽"切换按钮可控制线宽是否可以在屏幕上显示。如需改变系统的默认线宽，可以选择【格式】/【线宽】命令，在【线宽设置】对话框内进行设置，如图 5-7 所示。

图 5-6 【线宽】对话框

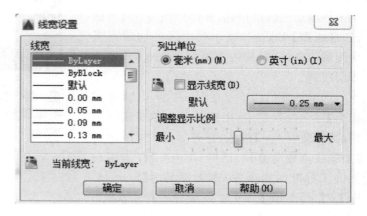

图 5-7 【线宽设置】对话框

4. 设置打印样式

【打印样式】列可显示并确定各图层的打印样式，如果使用的是彩色绘图仪，则不能改变这些打印样式。将图形从使用颜色相关打印样式表转换为使用命名打印样式表时，图形中附着于布局的所有颜色相关打印样式表将被删除,其位置由命名打印样式表取代。如果在转换为使用命名打印样式表之后,希望使用在颜色相关打印样式表中定义的样式,首先应将颜色相关打印样式表转换为命名打印样式表。将图形从使用命名打印样式表转换为使用颜色相关打印样式表时,指定给图形中的对象的打印样式名将丢失。除了修改图形使用的打印样式表的类型外,还可以使用 CONVERTCTB 命令将颜色相关打印样式表转换为命名打印样式表,但是不能将命名打印样式表转换为颜色相关打印样式表。

四、设置图层状态

在"图层特性管理器"对话框的图层列表区中除了显示图层特性外,还可以显示图层的各种状态,包括图层的开/关、冻结/解冻、锁定/解锁、是否打印等,如图 5-8 所示。如果要修改某个状态,可以单击相应的图标。经常使用的设置功能在图层工具栏内也可以使用,如图 5-9 所示。

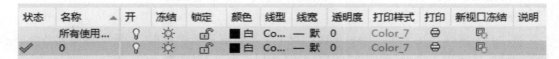

图 5-8 "图层特性管理器"对话框中显示的图层状态

图 5-9 "图层"工具栏

1. 图层各种状态的设置

1) 开/关图层

一个图层可以被设置成开(可见)或关(不可见)两种状态。只有可见图层上的对象才能被显示或打印输出。不可见图层上的对象仍然是图形的一部分,只是不被显示和输出。在重生成图形(REGEN)时,还会计算它们。

单击所选图层的"💡/💡"图标可实现打开/关闭图层的切换。图标呈黄色时表示对应图层是打开的;呈灰色时则表示对应图层是关闭的。

可以将任意一层打开或关闭,包括当前层。只是在关闭当前层时会出现警告:"当前图层被关闭"。如果关闭了当前层且又在该图层上绘制了对象,那么,该对象不会显示在屏幕上。因此,一般不要关闭当前层,以免造成混乱。

2) 冻结/解冻图层

冻结图层上的对象不可见并且也不能被输出到打印机。但与关闭图层不同的是被冻结图层上的对象在屏幕重生时,不会被计算,从而节省了图形重生的时间。如果一个图形有大量的图层暂时不进行操作时,应该将这些图层冻结,以提高工作效率。不能将冻结层设为当前层,也不能冻结当前层。

单击所选图层"⚪/❄"图标可实现冻结/解冻图层的切换。图标呈太阳状(前者)表示该图层解冻,呈雪花状(后者)表示对应的图层冻结。

3) 锁定/解锁图层

锁定图层上的图形仍可显示,但不能编辑。在绘图过程中,为避免由于不慎删除某层上的一些对象,可是还需要这些对象是可见的,可以将该层锁定。当前层可以被锁定,但仍可在该层上绘制图形以及使用对象捕捉模式,当然绘出的图形也是不可修改的。

单击所选图层的""图标可实现锁定/解锁图层的切换。当锁形图标呈关闭形状时,对应图层是锁定的,否则是解锁的。

4) 颜色

更改与选定图层关联的颜色。单击颜色名称可以显示【选择颜色】对话框。

5) 线型

更改与选定图层关联的线型。单击线型名称可以显示【选择线型】对话框。

6) 线宽

更改与选定图层关联的线宽。单击线宽名称可以显示【线宽】对话框。

7) 透明度

控制所有对象在选定图层上的可见性。对单个对象应用透明度时,对象的透明度特性将替代图层的透明度设置。单击"透明度"值将弹出【图层透明度】对话框。

8) 打印样式

更改与选定图层关联的打印样式。如果正在使用颜色相关打印样式(PSTYLEPOLICY 系统变量设置为 1),则无法更改与图层关联的打印样式。单击打印样式可以弹出【选择打印样式】对话框。

9) 打印/不打印图层

新创建的图层默认状态下是可打印的。单击所选图层的""图标可实现打印/不打印图层的切换。呈现前者图标,对应图层可打印,若为后者则该图层不可打印。

10) 新视口冻结

在新布局视口中冻结选定图层。例如,在所有新视口中冻结 DIMENSIONS 图层,将在所有新创建的布局视口中限制该图层上的标注显示,但不会影响现有视口中的 DIMENSIONS 图层。如果以后创建了需要标注的视口,则可以通过更改当前视口设置来替代默认设置。

2. 设置图层的意义

(1)将不同组的对象分放到不同的层上,每个层指定为不同的颜色,这样在绘图时,可以把不同组的对象区分开来。例如,在建筑图中,墙体、轴线、尺寸标注、上下水管道系统、供电和供热系统可以分别画在不同的层上。

(2)设置图层有利于一些编辑操作。例如,若想删除图上所有的辅助线时,可以冻结除辅助线所在层外的其余所有层,然后全选所有图形对象进行删除操作即可。

(3)若改变某图层的线型、颜色或其他特性,则该层上的所有对象将更新以匹配新的图层设置,这样便于统一修改某些对象特性。

任务 2 应用图层

本节通过绘制建筑房间平面图实例,演练如何应用图层,在绘图过程中将应用前面学过的绘图和编辑图形命令,绘制的图样如图 5-10 所示(其线宽采用 0.5 mm)。

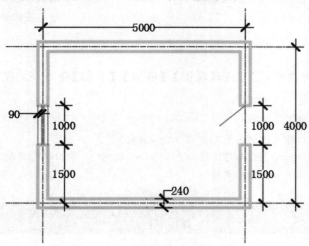

图 5-10　房间平面图

一、建立新文件

选择【文件】/【新建】命令,在【选择样板】对话框中选择 acadiso.dwt 样板文件,如图 5-11 所示;或者点击【打开(O)】按钮右侧的箭头,选择【无样板打开-公制(M)】,如图 5-12 所示。

图 5-11　选择模板

图 5-12　无样板公制

二、设置绘图区域大小

1. 设置图形界限

选择【格式】/【图形界限】命令或在命令行输入"limits",命令行提示如下。

> 指定左下角点或［开(ON)/关(OFF)］< 0.0000,0.0000>：　　//按回车键接受默认(0,0)坐标值
> 定右上角点 < 420.0000,297.0000>：　　　　　　　　　//输入（42000,29700）(A3 纸扩大 100
> 　　　　　　　　　　　　　　　　　　　　　　　　　　　倍)，按回车键

2. 显示绘图区域

显示绘图区域的方法有：① 选择【视图】/【缩放】/【全部】命令；② 在"标准"工具栏中点击 按钮；③ 在命令行输入"zoom"。

> 命令：　　　　//输入 zoom
> 指定窗口的角点,输入比例因子（nX 或 nXP),或者
> ［全部(A)/中心(C)/动态(D)/范围(E)/上一个(P)/比例(S)/窗口(W)/对象(O)］< 实时>：
> 　　　　//输入 a 并按回车键

三、建立并设置图层

"图层特性管理器"的启动方式有如下三种方法。

● 选择【格式】/【图层】命令。

● 在"图层"工具栏点击 按钮。

● 在命令行输入"layer"命令。

建立并设置图层的具体步骤如下。

(1) 启动"图层特性管理器"对话框。

(2) 点击"新建"按钮,新建【图层 1】,修改名称为【轴线】;继续新建两个图层,名称分别为【墙】【门窗】,如图 5-13 所示。

(3) 点击【轴线】图层右侧【颜色】栏 ，弹出【选择颜色】对话框,选择"红色",如图5-14 所示。使用相同的方法分别给【墙】【门窗】图层设置成"黄色""绿色"。

(4) 设置【轴线】图层线型。

● 点击【轴线】图层右侧【线型】栏 Continuous ,弹出【选择线型】对话框,如图 5-15 所示。

● 点击【加载(L)...】按钮,弹出【加载或重载线型】对话框,选择【CENTER】线型。如图 5-16 所示。

● 回到【选择线型】对话框,选择【CENTER】线型,点击【确定】按钮。最后结果如图 5-17 所示。

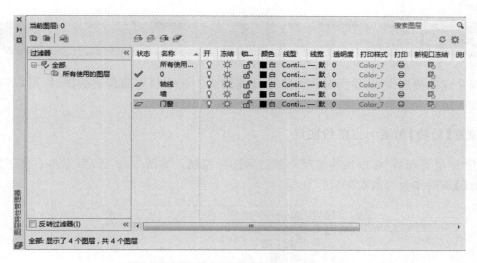

图 5-13　新建"轴线"、"墙"、"门窗"图层

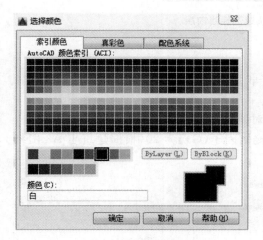

图 5-14　【选择颜色】对话框

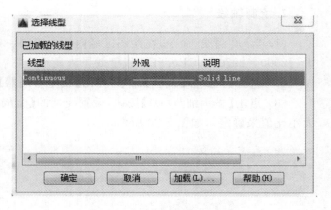

图 5-15　【选择线型】对话框

图 5-16　【加载或重载线型】对话框

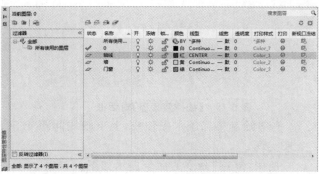

图 5-17　建立、设置图层的结果

四、绘制轴线

轴线是建筑的定位线,绘图时作为定位及辅助线。在绘制立面及剖面图时,可以用轴线及标高线作为定位及绘图辅助线。

1. 设置【轴线】图层为当前绘图层

使用"图层管理器"可以快速实现对图层的选择控制。如图 5-18 所示,点击右侧下拉箭头,选择【轴线】图层作为当前绘图层。

图 5-18　通过"图层管理器"快速选择当前层

2. 绘制轴线

(1)启动"画线"命令,在绘图区域内任意绘制一条长度为 7000 的水平轴线。因绘图区域较大(42000×29700),CENTER 线型效果未显示。

(2)选择【格式】/【线型】命令,弹出【线型管理器】对话框,如图 5-19 所示。

(3)点击【显示细节(D)】按钮,设置线型的【全局比例因子(G)】为 20(根据建筑与 A3 图纸大小比值来确定),如图 5-20 所示。

图 5-19　【线型管理器】对话框　　　　　　**图 5-20　设置线型全局比例**

(4)绘制第二条水平轴线,上下轴线间距 4000;可以通过在命令行使用"复制"或"偏移"命令来实现。

使用"复制"命令的命令提示如下。

命令:copy	//按回车键
选择对象:	//鼠标点击第一条轴线
选择对象:找到 1 个	//按回车键
指定基点或[位移(D)]<位移>:	//鼠标点击绘图区任意一点作为基点

指定第二个点或＜使用第一个点作为位移＞：//输入@ 4000＜ 90,向上复制另外一条水平轴线

使用"偏移"命令的命令行提示如下。

命令：offset //按回车键
指定偏移距离或[通过(T)/删除(E)/图层(L)]＜ 通过＞： //输入 4000,按回车键
选择要偏移的对象,或[退出(E)/放弃(U)]＜ 退出＞： //鼠标点击第一条轴线
指定要偏移的那一侧上的点,或[退出(E)/多个(M)/放弃(U)]＜ 退出＞： //鼠标点击第一条轴线 上方
选择要偏移的对象,或[退出(E)/放弃(U)]＜ 退出＞： //按回车键

（5）水平轴线绘制完毕,垂直轴线的绘制方法与此相同。

注意：绘制过程中,根据图线的绘图区的位置和大小,适当使用"缩放"和"平移"命令调整绘图区显示的位置和大小。可以通过使用鼠标右键的快捷菜单中的【缩放(Z)】和【平移(A)】命令（见图5-21）,来实现快速调整,完成的结果如图5-22所示。

图 5-21　鼠标右键快捷菜单

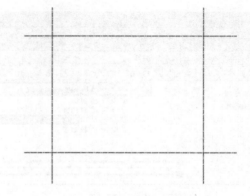

图 5-22　绘制完成的轴线

五、绘制墙线

1. 墙线的绘制方法

1）单线偏移

以上部水平两条墙线为例说明其绘制过程,先偏移轴线,后使其处于墙图层上。

（1）启动偏移命令,命令行提示如下。

指定偏移距离或[通过(T)/删除(E)/图层(L)]＜ 5000.0000＞： //＜ 5000.0000＞ 表示最近 一次操作的默认值；键入 120,并按回车键
选择要偏移的对象,或[退出(E)/放弃(U)]＜ 退出＞： //鼠标点击选择上部第一 条水平轴线
指定要偏移的那一侧上的点,或[退出(E)/多个(M)/放弃(U)]＜ 退出＞： //鼠标点击轴线上部,完成 第一条偏移的轴线

选择要偏移的对象,或[退出(E)/放弃(U)]< 退出> :   // 重新用鼠标点击选择上部
             第一条水平轴线

指定要偏移的那一侧上的点,或[退出(E)/多个(M)/放弃(U)]< 退出> :// 鼠标点击轴线下部,完成
             第二条偏移的轴线

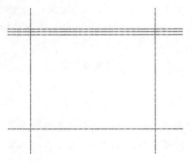

图 5-23　偏移完成的两条轴线

完成偏移的两条轴线如图 5-23 所示。

(2) 修改偏移完成的轴线图层属性,具体步骤如下。

① 鼠标点选偏移的两条轴线。

② 鼠标点击"图层"工具栏右侧下拉箭头,在列表中选择【墙】图层,将两条轴线图层属性改变成【墙】图层属性,完成两条墙线的绘制,操作过程如图 5-24 所示,最后结果如图 5-25 所示。

还可以采用另外一种方法:将【墙】置为当前图层,在轴线位置上绘制墙线,后利用【移动】【复制】或【偏移】命令完成另外一条墙线。

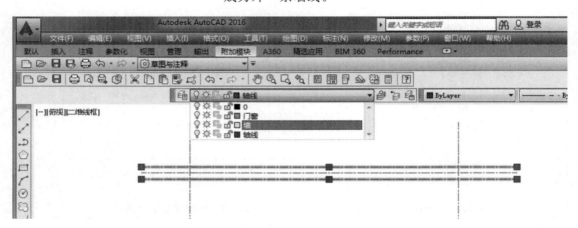

图 5-24　选择对象改变图层属性

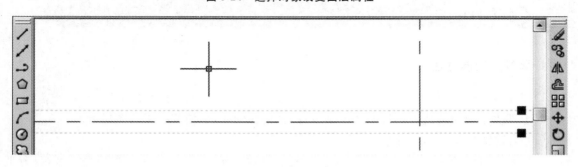

图 5-25　轴线转变成墙线

2) 使用多线

多线是多条平行线的组合,平行线的个数与平行线间的距离等参数可以设定。

(1) 设置多线样式。

① 选择【格式】/【多线样式】命令,弹出【多线样式】对话框,如图 5-26 所示。

② 点击【新建(N)...】按钮,弹出【创建新的多线样式】对话框,输入名称【卧室】。

③ 在【创建新的多线样式】对话框中点击【继续】按钮,如图 5-27 所示。弹出【新建多线样式:卧室】对话框。

图 5-26 【多线样式】对话框   图 5-27 【创建新的多线样式】对话框

④ 在【新建多线样式:卧室】对话框中,修改右侧【图元(E)】属性的【偏移(S)】数值,分别设置为【120】和【-120】,即两条平线距中线上下各 120 个单位,如图 5-28 所示。点击【确定】按钮完成设置。

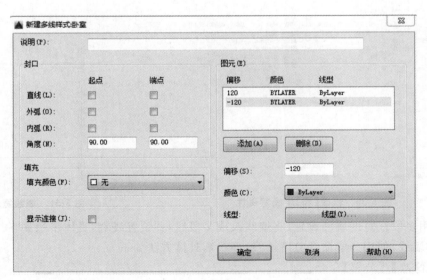

图 5-28 在【新建多线样式:卧室】对话框内设置平行线【偏移(S)】值

⑤ 回到【多线样式】对话框,选择【卧室】样式,点击【置为当前】按钮,完成后点击【确定】按钮。

（2）使用多线绘制墙线。

① 将【墙】层置为当前层。

② 启动绘制多线命令：① 选择【绘图】/【多线】命令；② 在命令行输入"mline"。

③ 绘制墙线命令行提示如下。

命令:mline	//按回车键
当前设置:对正= 上,比例= 1,样式= 卧室	
指定起点或[对正(J)/比例(S)/样式(ST)]:	//输入 J,按回车键
输入对正类型[上(T)/无(Z)/下(B)]< 上 > :	//输入 z,按回车键,其中中线为对正线
当前设置:对正= 无,比例= 1,样式= 卧室	
指定起点或[对正(J)/比例(S)/样式(ST)]:	//输入 S,按回车键
输入多线比例< 1 > :	//默认,直接按回车键
指定起点或[对正(J)/比例(S)/样式(ST)]:	//鼠标点击捕捉一条轴线的一个端点
指定下一点:	//鼠标点击捕捉一条轴线的另一个端点
指定下一点或[放弃(U)]:	//按回车键

绘制结果如图 5-29 所示。

2. 墙线线宽的设置方法

墙线的宽度按照绘图规范的要求应该绘制成中线或粗线,设置的两种方法如下。

（1）在"图层特性管理器"修改【墙】层的线宽属性,将其改成 0.5mm,如图 5-30 所示,并点击【状态】栏中【线宽】按钮,结果如图 5-31 所示。

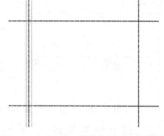

图 5-29 用"多线"命令绘制墙线

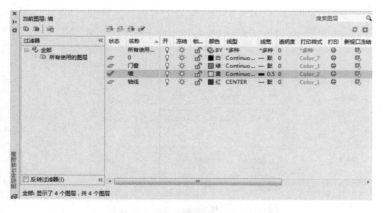

图 5-30 修改【墙】层线宽属性

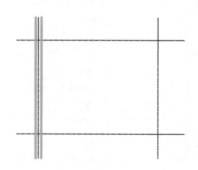

图 5-31 墙线宽度的显示

（2）使用多段线宽度属性设置,将墙线改成多段线,并设置线宽,具体步骤如下。

① 分解墙线,使用分解命令分解墙线（多线）,具体方法如下。

● 选择【修改】/【分解】命令。

● 点击"修改"工具栏中的 按钮。

● 在命令行输入"explode"。

在命令提示下,选取全部需要修改的多线墙线,将其分解成单线。

② 编辑墙线为多段线。修改墙线为多段线并设置宽度为 10mm（即 0.5m×20），具体方法如下。

- 选择【修改】/【对象】/【多段线】命令。
- 在命令行输入"pedit"。

命令行提示如下。

命令:pedit	//按回车键
选择多段线或[多条(M)]:	//输入 m,按回车键
选择对象:	//鼠标点选或栏选墙线,按回车键完成选择
是否将直线和圆弧转换为多段线?[是(Y)/否(N)]?＜Y＞	//按回车键,选择是(Y)选项
[闭合(C)/打开(O)/合并(J)/宽度(W)/拟合(F)/样条曲线(S)/非曲线化(D)/线型生成(L)/放弃(U)]:	//输入 w,按回车键,准备修改宽度
指定所有线段的新宽度:	//键入 10
[闭合(C)/打开(O)/合并(J)/宽度(W)/拟合(F)/样条曲线(S)/非曲线化(D)/线型生成(L)/放弃(U)]:	//按回车键结束命令

3. 墙线的绘制过程

1）绘制墙线草图轮廓

（1）设置【墙】层线宽为 0.5 mm。

（2）设置多线样式:卧室,并置为当前。

（3）启动多线命令,捕捉轴线端点绘制墙线,结果如图 5-32 所示。

（4）分解(explode)墙线所示。

（5）修剪(trim)墙线轮廓,结果如图 5-33 所示。

（6）编辑转角处的墙线（通过夹点拉伸的功能,编辑转角处的墙线）,结果如图 5-34 所示。

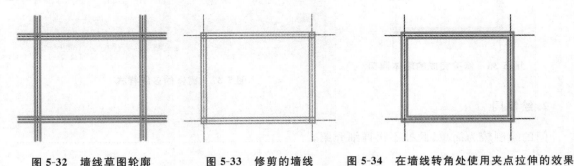

图 5-32　墙线草图轮廓　　　　图 5-33　修剪的墙线　　　　图 5-34　在墙线转角处使用夹点拉伸的效果

2）绘制墙体门窗洞口

（1）偏移或复制轴线。根据门窗洞口的尺寸,将轴线作为辅助线,对其进行偏移(offset)或复制(copy),结果如图 5-35 所示。

（2）修剪洞口处墙线。以复制的轴线作为辅助线,修剪洞口处的墙线,并补画墙线。最后删除辅助绘图轴线,结果如图 5-36 所示。

六、绘制门窗

1. 绘制窗体

（1）将【门窗】图层置为当前层。

（2）设置窗体的多线样式。窗体为四条平行线，当窗体较多时，用多线命令绘制较为方便，具体步骤如下。

① 选择【格式】/【多线样式】命令。

② 设置多线样式，如图 5-37 所示。偏移距离分别设置为：120、30、－30、－120。

③ 用"多线（mline）"命令绘制窗体。

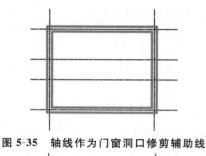

图 5-35　轴线作为门窗洞口修剪辅助线

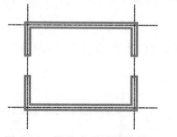

图 5-36　修剪完成的墙体洞口

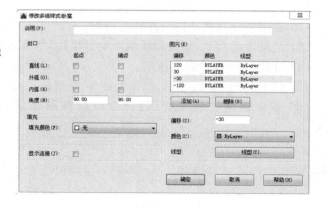

图 5-37　窗体的多线样式

2. 绘制门

门的绘制较为简单，此处不再详细介绍。

 习　题

一、选择题

1.在 AutoCAD 2016 中设置图层颜色时，可以使用（　　）种标准颜色。

A. 240　　　　　　　　　B. 255　　　　　　　　　C. 6　　　　　　　　　D. 9

2.不能删除的图层是：（　　）。

A. 图层 0　　　　　　　　　　　　　　B. 当前图层

C. 含有实体的层　　　　　　　　　　　D. 外部引用依赖层

3. 当图层被锁定时，仍然可以对该图层进行如下操作：(　　)。

A. 可以创建新的图形对象

B. 设置为当前层

C. 该图层上的图形对象仍可以作为辅助绘图时的捕捉对象

D. 可以作为【修剪】和【延伸】命令的目标对象

4. 在同一个图形中，各图层具有相同的(　　)，用户可以对位于不同图层上的对象同时进行编辑操作。

A. 绘图界限　　　　　　　B. 显示时缩放倍数　　　C. 属性　　　　　　　　D. 坐标系

二、判断题

1. 将图层锁定后，该层上的对象将不能进行编辑，但可以被打印输出。　　　　　　(　　)

2. 将图层冻结后，该层上的所有实体将不再显示在屏幕上，也不能被编辑，但可以打印输出。

(　　)

3. 在 AutoCAD 中，可在任何时候删除图层 0 外的其他图层。　　　　　　　　　(　　)

4. 图形对象的颜色一定与图层的颜色保持一致。　　　　　　　　　　　　　　(　　)

三、绘图题

1. 绘制如图 5-38 所示的楼梯间平面图，按图 5-39 所示的要求设置【轴线】【墙线】【文字】【楼梯】等图层，并在相应的图层上绘制图形，墙厚 240mm。

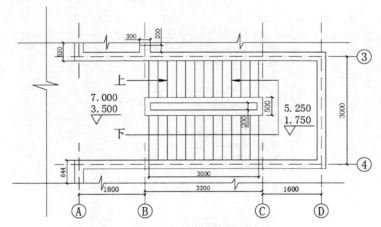

图 5-38　楼梯间平面图

状态	名称 ▲	开	冻结	锁	颜色	线型	线宽	透明度	打印样式	打印	新视口冻结	说明
	所有使用...	♀	☼	⊓	■白	Continuous	*多种	0	Color_7	⊖		
✎	0	♀	☼	⊓	■白	Continuous	—— 默认	0	Color_7	⊖		
✎	Defpoints	♀	☼	⊓	■白	Continuous	—— 默认	0	Color_7	⊖		
✎	尺寸标注	♀	☼	⊓	■白	Continuous	—— 0.25 毫米	0	Color_7	⊖		
✎	楼梯	♀	☼	⊓	■红	Continuous	—— 0.25 毫米	0	Color_1	⊖		
✔	墙线	♀	☼	⊓	■白	Continuous	—— 0.30 毫米	0	Color_7	⊖		
✎	文字	♀	☼	⊓	■青	Continuous	—— 0.25 毫米	0	Color_4	⊖		
✎	轴圈	♀	☼	⊓	■红	Continuous	—— 0.25 毫米	0	Color_1	⊖		
✎	轴线	♀	☼	⊓	■10	CENTER2	—— 0.25 毫米	0	Color_10	⊖		

图 5-39　图层设置

2.绘制如图 5-40 所示的房屋平面图,按图 5-41 所示的要求设置【轴线】【墙线】【文字】【楼梯】【台阶】等图层,并在相应的图层上绘制图形,墙厚 240 mm。

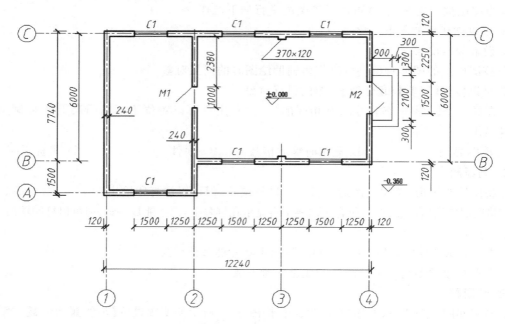

图 5-40　房屋平面图

状态	名称 ▲	开	冻结	锁...	颜色	线型	线宽	透明度	打印样式	打印	新视口冻结	说明
	所有使用...				BY	*多种	*多种	0	*多种			
	0				■白	Continuous	—— 默认	0	Color_7			
	Defpoints				■白	Continuous	—— 默认	0	Color_7			
	尺寸标注				■白	Continuous	—— 0.25...	0	Color_7			
	门窗				■绿	Continuous	—— 0.25...	0	Color_3			
✓	墙线				■白	Continuous	—— 0.30...	0	Color_7			
	台阶				■红	Continuous	—— 0.25...	0	Color_1			
	文字				■青	Continuous	—— 0.25...	0	Color_4			
	轴圈				■红	Continuous	—— 0.25...	0	Color_1			
	轴线				■10	CENTER2	—— 0.25...	0	Color_10			

图 5-41　图层设置

学习情境 **6**

图块和图案填充

■ **教学目标**

掌握创建图块和插入图块的基本方法，通过外部块实现图块在不同文件中的共享，并能够对图块添加文字说明属性，并能进行图案填充及编辑。

■ **教学重点与难点**

（1）创建内部图块与保存图块。

（2）插入单个图块及定数等　和定距等　插入图块。

（3）创建外部图块及图形文件基点的定义。

（4）在图块中添加属性。

（5）图案填充及编辑。

任务 1 使用图块

块的定义包含块名、块几何图形、用于插入块时对齐块的基点位置和所有关联的属性数据，图块是由一组图形对象构成的并被赋予名称的一个整体，常用于绘制复杂、重复的图形。在应用过程中，AutoCAD 将图块作为一个独立的、完整的对象来操作。用户可以根据需要按一定比例和角度将图块插入到图形文件中的任意指定位置。

一、图块的主要特点及功能

1. 建立图形库

在绘图过程中，常常要绘制一些重复出现的部件图形，如建筑设计中的门窗，机械设计中的螺栓、螺母等。由于这些部件图形的结构形状相同，只是尺寸有所不同，因而可以把这些常用的部件图形定义成块，构成专用部件图形库。以后绘图时则可以用插入块的方法来绘制这些图形，这样可以避免大量的重复工作，提高绘图的速度与质量。如图 6-1 所示为常用的室内家具图块。

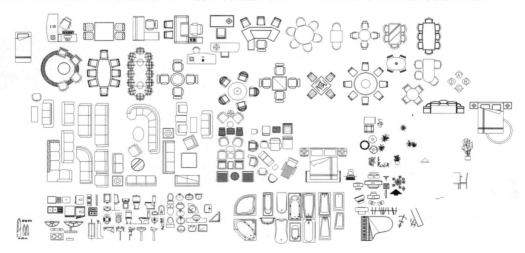

图 6-1　常用的室内家具图块

2. 节省存储空间

在 AutoCAD 中每一个实体都有其特征参数，如图层、位置、线型、颜色等，而插入的图块是作为一个整体图形单元，即作为一个实体插入，AutoCAD 只需保存图块的特征参数，而不需要保存图块中每一实体的特征参数，从而节省了磁盘空间。对于比较复杂的图形，使用图块越多，这一优点就越显著。

3. 便于编辑图形

图块是作为单一对象来处理的,常用的编辑命令如 MOVE、COPY 和 ARRAY 等都适用于图块。此外,图形中含有多个同一部件时,若需逐一修改则会带来相当大的工作量。但是,如果这些部件是以块的插入形式出现的,就可以通过块的重定义操作,使之全部自动更新。

如果需要将图块中的图形对象打散,可以选择【编辑】/【分解】命令。

4. 可以添加属性

很多块还需要有文字信息以进一步解释其用途。AutoCAD 允许用户为块创建文字属性,并可在插入的块中指定是否显示这些属性。此外,还可以从图中提取这些信息,并将它们传送到数据库中。

二、创建块

1. 命令调用方式

(1) 选择【绘图】/【块】/【创建】命令。

(2) 在"绘图"工具栏点击 按钮。

(3) 在命令行中输入"block"。

创建块命令启动后,弹出如图 6-2 所示的【块定义】对话框。

2. 块创建过程

【块定义】对话框用于定义块,可将当前图形中的部分或全部图形定义成块。例如,若要可将图 6-3 所示的铝窗图形定义为块。块的定义过程如下即可。

1) 给图块命名

为了便于图块的保存和调用,必须为其命名。AutoCAD 允许块名最多采用 255 个字符,可以包括汉字、英文、数字和空格等字符。例如,要将图 6-3 中的块命名为"铝窗",在【块定义】对话框中【名称(N)】栏内输入【铝窗】即可。

2) 选取插入基点

插入基点可以选取图块上的任何一点,但通常选在具有典型特征处,如块的中心点处或块的角点处。当图块被调用时,图块的插入基点将与插入块时的插入点重合。若选取块,则可以看到其基点处有一个夹点。本例中插入基点选铝窗左上角点,如图 6-4 所示。

单击"拾取点"按钮,切换到作图窗口,直接在图形中拾取,利用"追踪捕捉"功能拾取铝窗图形的左上角点。拾取插入点之后返回【块定义】对话框,同时基点相应坐标值出现在【X】【Y】【Z】三个编辑框中。选取插入基点也可以直接在块定义对话框中将基点坐标值输入在【X】【Y】【Z】三个编辑框中。

3) 选择构成块的对象

单击"选择对象"按钮,将切换到作图窗口,可以使用任何一种标准的对象选择方式选取构成图块的对象。另外，还可以通过点击"⬛"按钮，弹出【快速选择】对话框，选择构成块的对象。

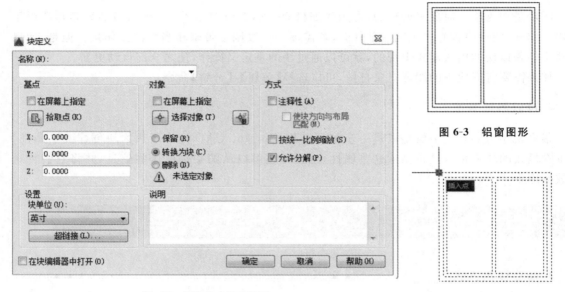

图 6-3　铝窗图形

图 6-2　【块定义】对话框

图 6-4　鼠标拾取块插入点

在【对象】选项组中有三个选项提供了创建块后，对构成块的原图的处理方式，具体介绍如下。

- 保留（R）：在图形屏幕上保留原图，但把它们当成一个普通的单独对象。
- 转换为块（C）：在图形屏幕上保留原图，并将其转换为插入块的形式。
- 从图形中删除（D）：在图形屏幕上不保留原图。

4）设置组成块的对象的显示方式

在【方式】选项区域中，可以指定块对象是否按统一的比例进行缩放，以及是否允许被分解。

5）其他设置

- 块单位：通过【块单位】下拉列表框，可以选择从 AutoCAD 设计中心拖动块时的缩放单位。
- 超链接：单击"超链接"按钮，将打开【插入超链接】对话框，在该对话框中可以插入超链接文档。
- 说明：在该编辑区中可以输入与块定义相关的说明部分。

图块定义后，定义信息被保留在建立的图块中，当该图形文件再次被打开时，块定义仍然存在。对于不再使用的图块，可以用 PURGE 命令清理块定义。

三、块保存（外部块）

上述定义的块只能由定义块所在图形使用。使用 WBLOCK 命令可以将当前已定义的块或全部图形或图形的某一部分以指定的文件名保存，形成一个独立的图形文件，以便其他图形文件调用。另外，零部件和符号库可以是由许多独立的图形文件组成的，整个图形文件可以通过

"插入块"命令,插入到其他图形文件中去,图形文件的插入点可以通过选择【绘图】/【块】/【基点】命令来实现。

执行 WBLOCK 命令,弹出如图 6-5 所示的【写块】对话框,对话框中各主要部分的功能介绍如下。

1. 确定写入磁盘文件的图形对象

在【源】选项组中,提供了以下三种方式来确定写入磁盘文件的图形对象。

● 块(B):可在下拉列表框中选择一个图块写入磁盘。

● 整个图形(E):将当前全部图形写入磁盘,但此时并不是将当前图形所有信息全部保存,如未使用的块定义和未使用的层、线型、文本式样等信息都将被删除。

● 对象(O):将指定的对象存盘。选择该选项后,【基点】选项组及【对象】选项组变为可操作的实体,其操作方法与【块定义】对话框中相应区域的操作方法完全相同。

2. 确定写入磁盘文件的名称及位置

点击【目标】选项组中的【文件名和路径(F)】下拉列表框或右侧的浏览按钮选择该文件的保存位置,并输入图形文件名称;点击【插入单位(U)】下拉列表框来选择块的单位。用 WBLOCK 命令建立的图形文件中的对象,源图形文件并没有定义成块,可以对其各图形对象进行单独编辑,只有当其以块的形式被调用后,才是一个整体。

四、插入块

可以在当前图形中,将已定义好的块或任意一个图形文件以不同的比例、旋转角度插入到任意指定位置上。

使用如图 6-6 所示的【插入】对话框可以实现在图形文件中插入块的功能。打开【插入】对话框的方法如下。

图 6-5 【写块】对话框

图 6-6 【插入】对话框

    (1) 选择【插入】/【块】/【创建…】命令。

    (2) 在"绘图"工具栏点击 ⬚ 按钮。

    (3) 在命令行输入"insert"。

在该对话框中可以进行以下操作。

1. 确定插入的块名或图形文件名

插入的图块分两种情况：一种是当前图形中定义的块，另一种是任意一个图形文件。

系统首先在当前图形中查找指定的图块，若找不到则在当前文件夹中搜索具有该名的图形文件，并将该图形文件的图形以块的形式调入到当前图形中。若图形文件不在当前文件夹中，则可以单击"浏览"按钮，弹出【选择图形文件】对话框，通过该对话框来选择其他文件夹或路径下的图形文件。图形文件插入后在当前图形中形成一个以该图形文件的文件名命名的图块。另外，在被插入的图形文件中定义的块亦可在当前图形中使用。

2. 选择插入点

根据插入图形的放置位置，来确定插入点。定义图块时所确定的插入基点，将与当前图形中选择的插入点重合。将图形文件的整幅图形作为块插入时，它的插入基点即是该图的原点，用户也可以自行定义文件的插入点。

3. 确定插入的缩放比例

插入图块时在 X、Y、Z 三个方向可以采用不同的缩放比例，也可以通过拾取"统一比例"来选择所插入的块在 X、Y、Z 三个方向使用相同的缩放比例。

另外，还可以输入负值的缩放比例，这样就会插入一个关于原块的镜像图，即使插入块上下颠倒（如 X 比例因子＝1，Y 比例因子＝－1）或左右颠倒（如 X 比例因子＝－1，Y 比例因子＝1）。

缩放比例提供了用 AutoCAD 生成复杂几何图形的可能性。例如，可以将椭圆、抛物线、双曲线等许多用数学方法生成的曲线原型定义成块，再以各种比例调用。实际上，命令 ELLIPSE 就是以块的形式在图中产生椭圆的。

4. 设置旋转角度

在【旋转】选项组，用户可以指定块插入时的旋转角度值，也可以直接在屏幕上指定。

5. 分解插入块

当前图形中插入的块是作为一个整体存在的，因此不能对其中已失去独立性的某一基本对象进行编辑。若在【插入】对话框中选中【分解（D）】复选框，则可将插入的块分解成组成块的各基本对象，这样以后再对插入块中的某一部分进行编辑时，就不必受到图块整体性的限制了。

假若在此对话框中均以在屏幕上指定的方式确定插入点、缩放比例、旋转角度，则单击【确定】按钮后返回到作图窗口，系统提示以命令行方式完成后续相应的操作。

五、定数等分或定距等分方式插入图块

"定数等分"或"定距等分"命令除了可以实现用"点"来等分对象,还可以实现用"块"来等分对象。在执行命令中,需要按提示输入块的名称,其他操作方法和流程同等分绘点相同。

- 定数等分:创建沿对象的长度或周长等间隔排列的点对象或块。
- 定距等分:沿对象的长度或周长按测定间隔创建点对象或块。

启动定数等分或定距等分命令的方法为:选择【绘图】/【点】/【定数等分】或【定距等分】命令。

下面以定数等分为例说明其操作过程:

1. 选择要定数等分的对象

指定单个几何对象,如直线、多段线、圆弧、圆、椭圆或样条曲线等。

2. 输入线段数目或块(B)

直接输入线段数目会实现在选择的对象上等分画点的功能;若要实现用"块"等分对象,必须输入选项"B"。

3. 输入要插入的块名

输入所创建的块的名称。

4. 选择是否对齐块和对象

- "是":根据选定对象的曲率对齐块。插入块的 X 轴方向与选定的对象在等分位置相切或对齐。
- "否":根据用户坐标系的当前方向对齐块。插入块的 X 轴将平行于等分位置的 UCS 的 X 轴。

图 6-7 所示为一条圆弧被一个块定数等分为五段,此块是由一个垂直的椭圆组成的。

5. 输入线段数目

沿选定对象等间距放置点对象,创建的点对象数比指定的数目少 1 个,如图 6-7 所示,等分的数目输入 5,对圆弧进行了五等分,则绘制了四个图块。

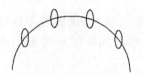
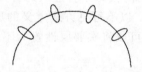

未对齐的块　　　　　　　　　对齐的块

图 6-7　块等分对象的对齐方式

六、属性块的定义及使用

用来对图块进行说明的非图形信息称为属性。运用属性管理技术,可以在图块中放置对其进行说明的非图形信息,如价格、生产者、购买日期等。并可将这些非图形信息单独抽取出来,以供诸如材料明细统计之类的数据库程序或电子表格处理。

属性也可以用于放置与块有关的文本。例如,用属性构成标题栏中的动态信息,如图名、图号、日期、绘图员等。此时,使用属性的目的不是要提取数据,而是利用属性来帮助在标题栏中灵活地放置信息。

属性是图块的一个组成部分,是对块的文字说明。当利用删除命令删除块时,属性也被删除了。属性与文本具有一些共同的特征(如文字样式控制等),但又不同于文本,属性是用于指定名字标记的一组文本,作为属性具体内容的这组文本称之为属性值。

为了使用属性,必须首先定义属性,然后将包括属性在内的某一图形定义为块,之后就可以在当前图形中插入带有属性的图块,下面结合图6-8说明这一操作过程。

图6-8中左侧图块是平面控制点中三角点的符号,要求在插入此图块时,命令窗口提示输入点的高程和点的名称,输入完成后,即完成属性块的绘制。

1. 属性块中图形部分的绘制

绘制如图6-9所示的图形,图形包括等边三角形和一条直线,图形的插入点为三角形的中心。

2. 属性定义

如图6-8所示的属性图块,属性值包括两个部分,分别是"点名属性"和"高程属性"。在命令提示下,创建用于在块中存储数据的属性定义。属性是所创建的包含在块定义中的对象。属性可以存储数据,如部件号、产品名等,将在命令历史记录中显示当前设置的值。

在如图6-10所示的【属性定义】对话框中,可以创建属性。打开该对话框的方法如下。

● 选择【插入】/【块】/【定义属性】命令。

● 在命令行输入"attdef"。

在该对话框中,可以选择属性生成模式、确定属性参数、指定插入点、设置文字等。

1)选择属性生成模式

在图块中的"名称属性"和"高程属性"的定义中,如图6-10所示都选中【锁定位置(K)】复选框,其余选项都不选择,模式中各选项的含义如下。

(1)不可见(I) 以不可见方式定义的属性,当插入块时,该属性不在图形中显示。如果图中有多个属性,一般可以将次要属性置为不可见,这样可加快图形的重生成并且能够避免图面混乱。

(2)固定(C) 若想使一个图块在每一次插入时都具有固定不变的属性值,则可将该属性设为固定方式。具有固定方式属性的图块被插入时,系统不再提示输入属性值,用户也就不能再更改该值了。

图 6-8　控制点属性块

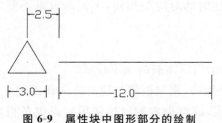

图 6-9　属性块中图形部分的绘制

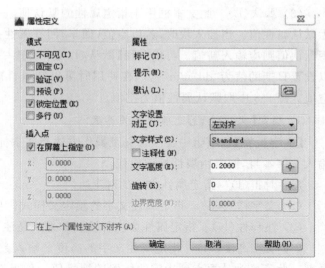

图 6-10　【属性定义】对话框

（3）验证（V）　若选择验证方式，以后向图中插入图块时，系统将第一次输入的属性值作为默认值再重复显示一次属性提示符，要求验证该值是否正确，一般把特别重要的属性设置为验证方式。

（4）预设（P）　用于确定是否将属性值设置为预置方式。如果选择预置方式，当向图中插入该图块时，系统不再提问该属性的值，而自动使用属性默认值，以后可以利用属性编辑命令对预置方式的属性进行修改。因此，当用户希望对多数插入操作保持属性值完全一致、仅少数偶而情况下需要改变的属性，可以选择这种方式。

（5）锁定位置（C）　锁定块参照中属性的位置。解锁后，属性可以相对于使用夹点编辑的块的其他部分移动，并且可以调整多行文字属性的大小。

（6）多行（U）　用于使用多行文字来标注块的属性值。选定此选项后，可以指定属性的边界宽度。

通过【属性定义】对话框设置以上六种方式后，即由这六种方式的组合确定了本次属性定义的生成方式。

2）确定属性参数

定义属性时必须确定属性参数。属性参数包括属性标记、属性提示符和属性默认值。

（1）标记（T）　标记指是属性的名字，提取属性时要用到属性的标记，它相当于数据库中的字段名。属性标记不能为空值，可使用任何字符组合（空格、感叹号除外）输入属性标记，而且会自动将小写字符转变为大写字符。本例制定属性块时，在定义"点名属性"时，此选项可输入【名称】；在定义"高程属性"时，此选项可输入【高程】。

（2）提示（M）　属性提示是定义属性时确定的一串文本信息。当插入包含该属性的图块时，则显示出属性提示，用来提示用户输入属性值。若不在【提示（M）】文本框中输入任何内容，则属性标记将被当成属性提示。属性提示对于固定属性没有意义，因此若已选择了固定属性方式，则【提示（M）】文本框为灰色。本例制定属性块时，定义"点名属性"时，此选项可输入【请输入点名】；定义"高程属性"时，此选项可输入【请输入高程】。

（3）默认（L）　此文本框用于指定属性的默认值。一般都以一个使用次数较多的属性值作为默认属性值。当插入块时,若以空值(回车)回答属性提示符,则属性值取该默认值,如果不使用默认值则应输入新值。可以利用【默认（L）】来设置一个在输入信息时必须遵照的格式,如可以设置日期的值为"dd/mm/yy",在使用时可以知道日期应统一为此格式。默认属性值可以为空值。图 6-8 中取默认属性值为空值。

3）确定【文字设置】选项组相关参数

【文字设置】选项组中各项含义及操作方法与文字标注时的对应项相同,不同的只是不要求输入文字本身,而是由属性标记取代。

（1）对正（J）　指定属性文字的对正。

（2）文字样式（S）　指定属性文字的预定义样式。显示当前加载的文字样式。

（3）注释性（N）　指定属性为注释性。如果块是注释性的,则属性将与块的方向相匹配。

（4）文字高度（H）　指定属性文字的高度。输入数值,或点击右侧的按钮用定点设备指定高度。此高度为从原点到指定的位置的测量值。如果选择有固定高度(任何非 0.0 值)的文字样式,或者在【对正（J）】下拉列表中选择了【对齐】,则高度选项不可用。

（5）旋转（R）　指定属性文字的旋转角度。输入数值,或点击右侧按钮用定点设备指定旋转角度。此旋转角度为从原点到指定的位置的测量值。如果在【对正（J）】下拉列表中选择了【对齐】或【调整】,则旋转选项不可用。

（6）边界宽度（W）　换行至下一行前,指定多行文字属性中一行文字的最大长度。值 0.000 表示对文字行的长度没有限制。此选项不适用于单行属性。

4）确定插入点属性

插入点用于指定属性位置。输入坐标值,或选中【在屏幕上指定（O）】复选框,并使用定点设备来指定属性相对于其他对象的位置。在本例中,即确定如图 6-11 所示的属性文字【名称】和【高程】的位置。

5）上一个属性定义下对齐

该选项用于将属性标记直接置于之前定义的属性的下面。如果之前没有创建属性定义,则此选项不可用。利用此选项可重复使用【属性定义】对话框定义多个属性。当重复使用该对话框时,可打开【在上一个属性定义下对齐（A）】的选项,表示当前属性采用上一个属性的文字样式、字高以及旋转角度,且另起一行按上一个属性的对正方式排列。打开此选项后,【插入点】及【文字设置】选项组均变为灰色。

确定了以上各项内容后,单击【确定】按钮退出该对话框,即完成了一次属性定义操作,本例中包括两部分文字属性,故需要进行两次属性定义。如图 6-11 所示为完成了属性块定义的图块,此文字部分起到占位符号的作用。

3. 修改属性定义

在属性定义之后,以及使用"块"（BLOCK）命令定义属性块之前,可以在命令行输入 DDEDIT 或选择【修改】/【对象】/【文字】/【编辑】命令启动"文本编辑"命令,此时弹出【编辑属性定义】对话框,在对话框中可以设置属性标记、提示和默认值。

启动"文本编辑"(DDEDIT)命令后,系统首先提示用户选择欲修改的属性定义。在该提示下做出相应选择后,系统弹出如图 6-12 所示的【编辑属性定义】对话框,可通过此对话框重新输入属性标记名、提示和默认值。

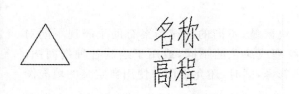

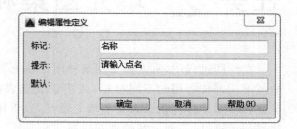

图 6-11　定义附有属性的图块　　　　　图 6-12　【编辑属性定义】对话框

4.定义属性块

用"块"(BLOCK)命令可将若干个属性及图形对象定义在一起,建立属性块。建立属性块的方法与建立一般图形块的方法相同,只是在【块定义】对话框的【对象】选项组中,一般多选择【删除(D)】单选框。若选择【转换为块(C)】,单选框则在退出【块定义】对话框后会自动进入【编辑属性】对话框。如果插入属性块时,属性提示的次序很重要,则定义属性块时,不要用窗口方式来选择属性,而要按照所希望出现提示的次序来逐次点选属性标记,然后再选择要包括在块中的对象。本例中插入点选取如图 6-11 所示的三角形的中心,名称定义为"三角点"。

5.属性块的插入

与插入普通图块一样,可以用"插入"(INSERT)命令以对话框方式在当前图形中插入属性块,系统会自动检测到属性的存在并提示输入相应的值。

使用"插入"(INSERT)命令首先弹出【插入块】对话框,在该对话框中需确定插入块的名称、位置、比例和旋转角度。然后单击【确定】按钮,退出【插入块】对话框,并在命令提示区出现属性提示符,提示用户依次输入每个属性值。

如图 6-8 所示的属性块出现时的属性提示符及输入如下。

请输入高程:59.8
请输入点名:KZ01

以上各属性提示符及默认属性值是用 ATTDEF 命令定义该属性时给出的。最后生成的插入块中,原定义块属性名的位置出现的是刚刚输入的属性值。多次使用"插入"(INSERT)命令,每次以不同的属性值响应。

通过设置系统变量 ATTDIA 为 1,可以用对话框方式输入属性,以上的命令行方式是该变量的默认值为 0 时的方式。

通过设置系统变量 ATTREQ,可以在插入块时取消对属性值的请求提示。ATTREQ 的默认值为 1,允许正常的属性请求;当该变量被设置为 0 时,系统不再出现输入属性的提示,所有属性都取默认值。在只插入块而不要求立即输入属性时,这个功能是很有用的。

任务 2 填充图案和渐变色

在绘图过程中,常常需要用某种图案填充某一块区域,不同的填充图案有助于表现不同对象或不同部位所用的不同材料,或用于表现表面纹理或涂色的不同,或用于绘制各种剖面图。为此,AutoCAD 提供了大量的填充图案,以供用户选择,同时,还允许用户使用自定义的填充图案进行填充,以及创建新的渐变填充。

一、创建图案填充

按如下方式启动图案填充命令,然后输入"t"选项。

- 选择【绘图】/【图案填充…】命令。
- 在"绘图"工具栏点击 按钮。
- 在命令行输入"hatch"。

启动图案填充命令后,可打开如图 6-13 所示的【图案填充和渐变色】对话框,以创建所需的图案填充。

【图案填充和渐变色】对话框中包括【图案填充】和【渐变色】两个选项卡。默认状态下,系统显示【图案填充】选项卡,在该选项卡中可以设置图案填充时的类型和图案、角度和比例等特性。创建图案填充主要包括确定填充的图案及填充边界,其操作及相关说明如下。

1. 确定填充图案及其类型

在【图案填充】选项卡中,可以确定图案填充的类型、图案、颜色和背景色等。

1)选择填充类型

用户可以通过【类型(Y)】下拉列表在【预定义】【用户定义】和【自定义】之间选择。

(1)【预定义】:系统自带的几种填充图案,包括 ANSI 标准、ISO 标准和其他预定义下的填充图案。

(2)【用户定义】:用户可临时定义填充图案,该图案由一组平行线或相互垂直的两组平行线组成。

(3)【自定义】:选择用户事先定义好的图案进行填充。

2)选择填充图案

选择【预定义】类型后,用户可以从【图案(P)】下拉列表中选择填充图案的名字,也可单击右侧的 按钮,弹出如图 6-14 所示的【填充图案选项板】对话框,在该对话框中有四个选项卡,分别预定义了各种不同类型的填充图案。其中,【ANSI】是美国国家标准学会指定的填充图案样式;【ISO】是国际标准化组织指定的填充图案样式;【其他预定义】显示的是所有 AutoCAD 附带的除 ISO 和 ANSI 之外的其他填充图案样式;【自定义】显示的是已添加到 AutoCAD 搜索路径

（在【选项】对话框的【文件】选项卡中设置的）的自定义 PAT 文件中所定义的所有图案。

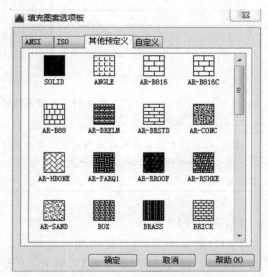

图 6-13 【图案填充和渐变色】对话框　　　**图 6-14 【填充图案选项板】对话框**

在【样例】预览框中，可预览显示所选图案的样式。单击样例图案，也会弹出【填充图案选项板】对话框，方便用户更改所选的填充图案样式。

3）选择填充颜色

使用填充图案和实体填充的指定颜色替代当前颜色（HPCOLOR 系统变量）。

4）选择填充背景色

为新图案填充对象指定背景色，选择【无】可关闭背景色（HPBACKGROUNDCOLOR 系统变量）。

5）显示填充图案样例

显示选定图案的预览图像。单击【样例】可弹出【填充图案选项板】对话框。

6）选择自定义图案

列出可用的自定义图案，最近使用的自定义图案将出现在列表顶部（HPNAME 系统变量）。只有将【类型（Y）】设定为【自定义】，【自定义】图案选项才可用。

2. 确定填充角度和比例

填充图案有一些独特的特性参数，这些特性参数可帮助用户设置和更改填充图案的密度、角度等。这些参数在【角度和比例】选项组进行设置。

1）确定填充角度

在【角度（G）】文本框中输入或通过下拉列表框选择填充图案的旋转角度（相对于当前 UCS 坐标系的 X 轴）。如图 6-15 所示为图案【ANSI31】采用不同旋转角度时的倾斜情况。

2）确定填充比例

在【比例（S）】文本框中输入或通过下拉列表框选择填充图案的缩放比例。比例越大，填充图案越疏，反之则越密。只有当选择【预定义】和【自定义】填充图案类型时，才能设置【比例（S）】选项。

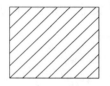  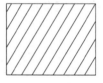

(a) 角度为0° (b) 角度为45° (c) 角度为15°

图 6-15　采用不同旋转角度的填充效果

> **提示**：设置填充图案的缩放比例应充分考虑到全图的比例因子。例如：在图 6-15 中，全图比例因子和填充图案的比例均为 1，则当全图比例因子为 100 时，若要达到此种填充效果，则填充图案的缩放比例也应设为 100。

3)【双向(U)】复选框

对于用户定义图案,选择此选项将绘制第二组直线,这些直线相对于初始直线成 90°,从而构成交叉填充。只有将【图案填充】选项卡上的【类型(Y)】设置为【用户定义】,此选项才可用。

4) 相对图纸空间(E)

该选项可用于相对于图纸空间单位缩放填充图案。使用此选项,可很容易地做到以适合于布局的比例显示填充图案。该选项仅适用于布局。

5) 确定填充间距

在【间距(C)】文本框中输入填充平行线之间的距离,该项只有在选择【用户定义】类型时才有效。

6) 确定填充 ISO 笔宽

如果用户选择了【预定义】类型中的【ISO】图案,则可在【ISO 笔宽(O)】下拉列表框中选择笔宽。

3. 确定图案的填充原点

在【图案填充原点】选项组中,可以设置填充图案生成的起始位置。某些图案填充(如砖块图案)需要与图案填充边界上的一点对齐。默认情况下,所有图案填充原点都对应于当前的 UCS 原点。该选项组中各选项的功能介绍如下。

(1) 使用当前原点(T):选中该按钮,可以使用当前 UCS 的原点(0,0)作为图案填充的原点。

(2) 指定的原点:选中该按钮,可以指定新的图案填充原点。点击【单击以设置新原点】按钮,可以从绘图窗口中选择某一点作为图案填充原点;选中【默认为边界范围(X)】复选框,可以根据图案填充对象边界的矩形范围,选择该范围的四个角点及其中心作为新原点;选中【存储为默认原点(F)】复选框,可以将指定的点存储为默认的图案填充原点。

4. 确定填充边界

填充区域就是直接由图形对象组成的封闭区域。图案填充实际上就是在由边界组成的区域内填充图案。因此,确定填充边界对于图案填充来说至关重要。

拾取点和选择对象是确定填充边界的两种方式,用户可根据不同的情况加以选择。在【图案填充】选项卡的【边界】选项组中,确定填充边界的操作及相关说明如下。

1) 添加:拾取点(K)

以拾取某个填充区域内部一点的形式确定填充边界。单击该按钮后,AutoCAD 切换到绘图窗口,并在命令行窗口中提示如下。

拾取内部点或[选择对象(S)/删除边界(B)]:

此时用户可在希望填充的区域内任意拾取一点,系统会自动确定出包围该点的封闭填充边界,并亮显这些边界,同时系统提示如下。

正在选择所有可见对象…
正在分析所选数据…
正在分析内部孤岛…
拾取内部点或[选择对象(S)/删除边界(B)]:↙　　　//或继续选择其他内部点

在此提示下可继续选择其他内部点,也可按回车键返回【边界图案填充】对话框,如果在拾取一点后,不能形成封闭边界,则系统会给出相应的错误提示。

2) 添加:选择对象(B)

以选择对象的形式确定填充区域的边界。单击该按钮后,AutoCAD 切换到作图界面,并在命令行窗口中提示如下。

选择对象或[拾取内部点(K)/删除边界(B)]:

此时用户可在屏幕上选择构成填充区域的边界对象(可选择一个或多个对象),被选中的边界会被亮显。然后系统继续提如下。

选择对象或[拾取内部点(K)/删除边界(B)]:

在此提示下可继续选择其他边界对象,也可按回车键返回【边界图案填充】对话框。

3) 删除边界(D)

单击【删除边界(D)】按钮可以取消系统自动计算或用户指定的边界。例如,对如图 6-16(a)所示的图形用"拾取点"(图中的十字光标表示拾取点)的方式或者全选图中的三个对象确定填充区域,默认状态下填充结果如图 6-16(b)所示。

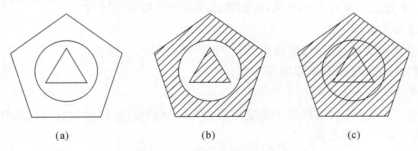

(a)　　　　　　　　　(b)　　　　　　　　　(c)

图 6-16　"删除边界"的操作示例

使用"删除边界"功能,能够改变 AutoCAD 的默认状态,根据需要取消某些填充边界。单击该按钮后,切换到作图屏幕,并在命令行窗口中提示如下。

选择对象或[添加边界(A)]:
选择对象或[添加边界(A)/放弃(U)]:

此时用户可在屏幕上选取所希望删除的边界,例如依次选择图 6-16(a)中的圆和三角形,这

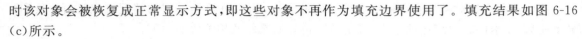

时该对象会被恢复成正常显示方式,即这些对象不再作为填充边界使用了。填充结果如图 6-16 (c)所示。

4)重新创建边界(R)

用于重新创建图案填充的边界。

5)查看选择集(V)

用于查看所选择的填充边界。单击该按钮后,AutoCAD 切换到作图界面,将选择的填充边界以高亮度形式显示,同时提示如下。

< 按 Enter 键或单击鼠标右键返回对话框>

用户响应后,返回到原【边界图案填充】对话框。

5. 预览

确定了填充图案和填充边界后,"预览"按钮变为可用。通过单击该按钮可切换到绘图区预览图案填充的效果,同时系统提示如下。

拾取或按 Esc 键返回到对话框或< 单击右键接受图案填充>:

如果满足填充要求,则单击鼠标右键或按回车键结束图案填充的操作;如果不满足要求,则用鼠标任意拾取一点或按 Esc 键返回【边界图案填充】对话框,再对选项进行修改,直到满意为止。

6. 设置其他选项和功能

在【选项】选项组中,各选项的功能介绍如下。

1)注释性(N)

该选项用于指定选择集中的图案填充为注释性。此特性会自动完成缩放注释过程,从而使注释能够以正确的大小在图纸上打印或显示。

2)关联(A)

选中【关联(A)】复选框,则填充图案与填充边界保持关联的关系,即图案填充后,对填充边界进行某些编辑操作(如改变位置或大小)时,系统会根据边界的新位置重新生成填充图案,否则填充图案与填充边界没有关联关系,所创建的图案填充独立于边界。

3)创建独立的图案

【创建独立的图案填充(H)】复选框,可控制当指定了几个单独的闭合边界时,是创建单个图案填充对象,还是创建多个图案填充对象。

4)绘图次序(W)

【绘图次序(W)】下拉列表框用于指定图案填充的绘图顺序,图案填充可以放在图案填充边界及所有其他对象之后或之前。

5)图层(L)

为指定的图层指定新图案填充对象,替代当前图层。选择【使用当前项】可使用当前图层(HPLAYER)。

6)选择透明度(T)

设定新图案填充或填充的透明度,以替代当前对象的透明度。选择【使用当前项】可使用当前对象的透明度设置(HPTRANSPARENCY)。

7）选择是否继承

使用【继承特性(I)】按钮，可以选择用已有的填充图案作为当前的填充图案。单击该按钮后，切换到作图屏幕，同时命令行提示如下。

> 选择图案填充对象：

此时用户在选择作图界面上的某一填充图案后，系统继续提示如下。

> 继承特性：名称< ANSI31> ，比例< 3> ，角度< 0>　　//显示所选图案的设置及有关特性参数
> 拾取内部点或[选择对象(S)/删除边界(B)]：　　//拾取要填充区域的一个内部点
> 正在选择所有可见对象…
> 正在分析所选数据…
> 正在分析内部孤岛…
> 拾取内部点或[选择对象(S)/删除边界(B)]：↙　　//或继续拾取其他内部点

按回车键后，自动返回【边界图案填充】对话框，并在对话框中显示出该填充图案的相应设置及有关特性参数。

二、设置孤岛和边界

当图形较复杂时（如图 6-16 所示的图形），为提高效率、简化边界检测，或改变 AutoCAD 默认的确定填充边界的状态，可通过设置"孤岛检测"等方式来定义填充图案的边界。孤岛是指位于填充区域内部的封闭区域。

单击图 6-13 所示的【图案填充和渐变色】对话框右下角的按钮，将显示更多选项，如设置孤岛和边界保留等信息，如图 6-17 所示。

各选项的主要功能介绍如下。

1. 孤岛检测(D)

该选项用于指定是否将最外层边界内的对象作为边界对象。如果不指定孤岛检测，将提示选择射线投射方法。在【孤岛】选项组域中，选中【孤岛检测(D)】复选框，可以指定在最外层边界内填充对象的方法，包括【普通】【外部】和【忽略(N)】三种，如对话框中的样例所示。其填充原理如下。

● 普通：从最外边界向里画填充线，遇到与之相交的内部边界时断开填充线，再遇到下一个内部边界时再继续画填充线，这是系统默认的状态填充线。

● 外部：从最外边界向里画填充线，遇到与之相交的内部边界时断开填充线，并不再继续往里画。

● 忽略：该方式忽略外边界内的所有对象，所有内部结构都被填充线覆盖。

以普通方式填充时，如果填充边界内有诸如文字、属性这样的特殊对象，且在选择填充边界时也选择了它们的话，填充时填充图案在这些对象处会自动断开，就像用一个比它们略大的看不见的框子保护起来一样，使得这些对象更加清晰，如图 6-18 所示。

2. 边界保留

其用于确定是否将填充边界以对象的形式保留以及保留的类型。选中【保留边界(S)】复选

框,则表示保留边界,【对象类型】下拉列表框才允许使用。此时,对象的保留类型可在【对象类型】下拉列表中选择【多线段】或【面域】。例如,对图 6-19(a)所示的图形进行填充,以保留边界方式进行填充后,将矩形和圆删除的结果如图 6-19(b)所示;而以不保留边界方式填充后将矩形和圆删除的结果如图 6-19(c)所示。

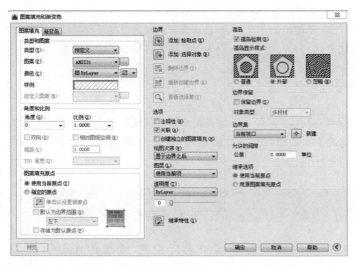

图 6-17　展开的【图案填充和渐变色】对话框

图 6-18　填充有文字的区域

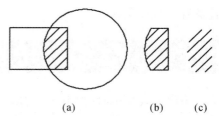

(a)　　　　　(b)　　(c)

图 6-19　"保留边界"的操作示例

3. 边界集

默认状态下,当通过"拾取点"的方式定义填充边界时,AutoCAD 将通过分析当前视口中所有闭合的图形对象定义边界,这在复杂的图形中可能耗费大量时间。因此,要对复杂图形中的小型区域进行填充时,为了节省系统的分析时间,可以重新定义边界对象集,即重新选定那些可供 AutoCAD 分析并定义边界的对象集合。通过重新定义边界对象集,只有那些被选入对象边界集中的对象才能作为填充边界,从而忽略掉其他没有被选的对象,因而可以很快地产生所需边界。

重新定义边界集,只是针对用拾取点方式定义边界的情况。在图案填充时,如果直接用选择对象的方式定义边界,则在此定义的边界集不起作用。

若用户需要建立边界集,可单击"新建"按钮,AutoCAD 切换到作图界面,命令行提示如下。

> 选择对象:

在此提示下选择的对象就构成了相应的边界对象集。

在【边界集】的下拉列表中,有【当前视口】和【现有集合】两个选项,前者表示将根据当前视口中所有可见对象确定填充边界,是默认选项;后者表示将根据已确定的对象集确定填充边界,如果没有用【新建】按钮选择过对象,则后者无效。

4. 允许的间隙

在【允许的间隙】选项组中,通过【公差】文本框设置允许的间隙大小。在该参数范围内,可以将一个几乎封闭的区域看成是一个闭合的填充边界。设定将对象用作图案填充边界时可以忽略的最大间隙。默认值为 0,此值指定对象必须封闭区域而没有间隙。

任何小于等于允许的间隙中指定的值的间隙都将被忽略,并将边界视为封闭。按图形单位输入一个值(从 0 到 5000),以设置将对象用作图案填充边界时可以忽略的最大间隙。任何小于等于指定值的间隙都将被忽略,并将边界视为封闭。其系统变量为 HPGAPTOL。

5. 继承选项

【继承选项】选项组用于确定在使用继承属性创建图案填充时图案填充原点的位置,控制当用户使用【继承特性】选项创建图案填充时是否继承图案填充原点。其系统变量为 HPINHERIT。

三、创建渐变色填充

渐变色填充是在一种颜色的不同灰度之间或两种颜色之间使用过渡,主要用于增强演示图形的效果,以及用于徽标中的有趣背景。

如图 6-20 所示的【图案填充和渐变色】对话框的【渐变色】选项卡用于定义要应用的渐变色填充的外观。

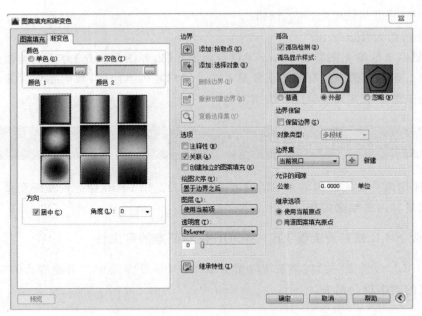

图 6-20 【渐变色】选项卡

该选项卡中各选项的含义如下。

1.【颜色】选项组

● 单色(O):指定使用从较深着色到较浅色调平滑过渡的单色填充。单击"浏览"按钮,弹出【选择颜色】对话框,指定渐变色填充的颜色。通过【色调】滑块可以指定一种颜色的色调(选定颜色与白色的混合)或着色(选定颜色与黑色的混合),用于渐变色填充。

- 双色(T)：指定在两种颜色之间平滑过渡的双色渐变填充。
- 渐变图案：显示用于渐变填充的九种固定图案。

2.【方向】选项组

- 居中(C)：指定对称的渐变配置。如果没有选定此选项，渐变填充将朝左上方变化，创建光源在对象左边的图案。
- 角度(L)：指定渐变填充的角度。相对当前 UCS 指定角度。此选项与指定给图案填充的角度互不影响。

四、编辑图案填充

在完成图案填充的操作后，如果对填充图案或区域不满，用户可以使用 AutoCAD 提供的"修改图案填充"命令对已填充的图案和区域进行编辑、修改。启动"修改图案填充"命令的方法如下。

- 选择【修改】/【对象】/【图案填充…】命令。
- 在"修改Ⅱ"工具栏中点击 按钮。
- 在命令行输入"hatchedit"。

选择需要编辑的填充图案后，AutoCAD 会弹出与【边界图案填充】对话框类似的【图案填充编辑】对话框。在对话框中只有那些正常显示的项用户才可以使用，其中各项含义与【边界图案填充】对话框中的各项含义及响应方法相同。

五、填充图案的可见性控制

用户可使用两种方法控制填充图案的可见性：一种是用 FILL 命令或系统变量 FILLMODE 实现；另一种是利用图层来实现。

1. 用命令 FILL 或系统变量 FILLMODE 控制图案的可见性

将命令 FILL 设置成"关"或将系统变量 FILLMODE 设置成 0(二者是等价的)，图形重新生成后，所填充的图案就会消失。

2. 用图层控制图案的可见性

一般情况下，填充图案应单独放在一层，当不需要显示该图案时，可将图案所在的层关闭或冻结即可。

> **注意**：利用图层控制图案的可见性时，不同的控制方式会使填充图案与其边界的关联关系发生变化。因此，在编辑修改图形时要特别注意。

习 题

一、填空题

（1）在 AutoCAD 中，图块分为_____和_____两种类型。

（2）在命令行中执行_____命令创建内部图块，执行_____命令直接插入图块，在命令行中执行_____命令可阵列插入图块。

（3）在命令行中执行_____命令，可以为图块定义属性。

（4）在 AutoCAD 的_____中，提供了建筑设施图块、机械零件图块、电子电路图块等。

二、判断题

（1）内部图块只能在定义它的图形文件中调用，存储在图形文件内部；外部图块是以文件的形式保存于计算机中，可以将其调用到其他图形中。

（2）在插入外部图块时，用户不能为图块指定缩放比例及旋转角度。

（3）图块的属性值一旦设定后，就不能再进行修改。

（4）使用 RENAME 命令可以对图块进行重命名。

三、绘图题

1. 基础平面图。绘制如图 6-21 所示的基础平面图，相关尺寸已标注在图上，并选择合适的填充样式进行填充。

2. 等分绘制路灯。先定义如图 6-22 所示的路灯块，然后绘制一条长度 100 的直线，最后绘制如图 6-23 所示的 6 个路灯，中部的 4 个路灯利用"定数等分"或"定距等分"功能实现，两侧的 2 个路灯可以执行"插入块"命令，直接绘制。

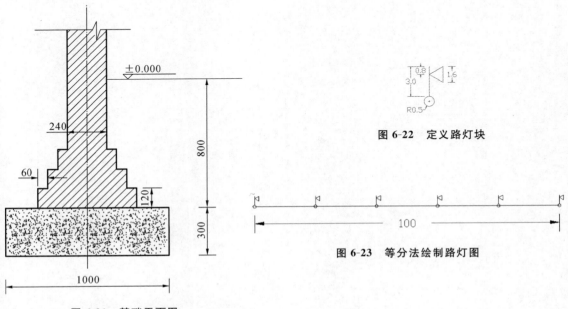

图 6-21 基础平面图

图 6-22 定义路灯块

图 6-23 等分法绘制路灯图

3.房屋立面图。绘制如图 6-24 所示的房屋立面图,相关尺寸已标注在图上,选择合适的填充样式进行填充。

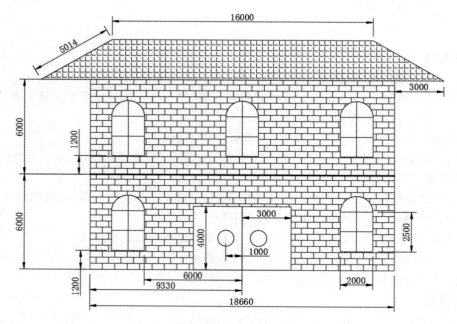

图 6-24　房屋立面图

创建文本和表格

■ 教学目标

　　掌握根据实际绘图的需要设置合适的文字样式和表格样式,并将所设置的文字样式和表格样式加入工程图中,而且能进行编辑和修改。

■ 教学重点与难点

(1) 设置文字样式。
(2) 应用文字样式。
(3) 编辑文字。
(4) 设置表格样式。
(5) 应用表格样式。
(6) 编辑表格。

在实际绘图时,常常需要在图形中增加一些注释性的说明,把文字和图形结合在一起来表达完整的设计思想,因此,文字对象是 AutoCAD 图形中很重要的图形元素。在一个完整的图样中,通常都包含一些文字注释来标注图样中的一些非图形信息。例如,建筑工程图中的技术要求、设计说明,工程制图中的材料说明和施工要求等。另外,在 AutoCAD 软件中,使用表格功能可以创建不同类型的表格,还可以从其他软件中复制表格,以简化制图操作。

AutoCAD 创建文字命令有两种,即单行文字(text)和多行文字(mtext),无论是单行文字还是多行文字,使用之前应首先建立适当的"文字样式"。

(1) 单行文字   对于不需要多种字体或多行的简短项,可以创建单行文字,单行文字对于标签非常方便。

(2) 多行文字   对于较长、较为复杂的内容,可以创建多行或段落文字。多行文字是由任意数目的文字行或段落组成的,布满指定的宽度,还可以沿垂直方向无限延伸。

多行文字的编辑选项比单行文字多。例如,可以将对下划线、字体、颜色和高度的修改应用到段落中的单个字符、单词或短语。

任务 1 创建文本

图形中的所有文字都具有与之相关联的文字样式。输入文字时,程序使用当前的文字样式,该样式设置了字体、字号、倾斜角度、方向和其他文字特征。如果要使用其他文字样式来创建文字,可以将其他文字样式置于当前。AutoCAD 默认设置了 STANDARD 文字样式。建立"文字样式"的步骤和过程介绍如下。

一、建立文字样式

1. 命令调用方式:

● 选择【格式】/【文字样式】命令。

● 在命令行输入"style"。

2.【文字样式】对话框

命令调用后弹出【文字样式】对话框,对话框内显示 STANDARD 文字样式的各项设置,如图 7-1 所示。其中,各按钮及选项的作用介绍如下。

● 当前文字样式:用于列出当前文字样式。

● 样式:用于显示图形中的样式列表。

● 样式列表过滤器:是将下拉列表指定所有样式还是仅使用中的样式显示在样式列表中。

● 置为当前(C):将在【样式(S)】下选定的样式设定为当前。

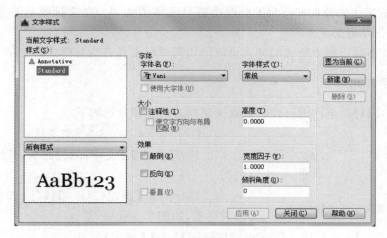

图 7-1　"文字样式"对话框

● 新建(N)：点击此按钮将弹出【新建文字样式】对话框并自动提供默认样式名。样式名最长可达 255 个字符。样式名中可包含字母、数字和特殊字符，如美元符号(MYM)、下划线(_)和连字符(－)。

● 删除(D)：删除文字样式。从列表中选择一个样式名将其置为当前，然后点击【删除(D)】按钮即可。

● 【字体】选项组：用于更改样式的字体。

● 字体名(F)：列出所有注册的 TrueType 字体和 Fonts 文件夹中编译的形(SHX)字体的字体族名。

● 字体样式(Y)：用于指定字体格式，如斜体、粗体或常规字体。选中【使用大字体(U)】复选框后，该选项变为【大字体】，用于选择大字体文件。

● 使用大字体(U)：用于指定亚洲语言的大字体文件。只有在【字体名(F)】中指定 SHX 文件，才能使用【大字体】。只有 SHX 文件可以创建【大字体】。

● 【大小】选项组：根据输入的值设置文字高度。

● 注释性(I)：当选中【注释性(I)】复选框时，文字被定义成可注释性的对象。

● 高度(T)：如果输入 0.0，每次用该样式输入文字时，系统都将提示输入文字高度。输入大于 0.0 的高度值则为该样式设置固定的文字高度。在相同的高度设置下，TrueType 字体显示的高度要小于 SHX 字体。

● 使文字方向与布局匹配(M)：用于指定图纸空间视口中的文字方向与布局方向匹配。如果未选中【注释性(I)】选项，则该选项不可用。

● 【效果】选项组：用于修改字体的特性，如高度、宽度比例和倾斜角以及是否颠倒显示、反向或垂直对齐。

● 颠倒(E)：颠倒显示字符。

● 反向(K)：反向显示字符。

● 垂直(V)：用于显示垂直对齐的字符。只有在选定字体支持双向时【垂直(V)】才可使用。TrueType 字体的垂直定位不可用。

● 宽度因子(W)：设置字符间距。输入小于 1.0 的值将压缩文字，输入大于 1.0 的值则增大文字。

● 倾斜角度(O)：设置文字的倾斜角。输入一个－85 和 85 之间的值将使文字倾斜。

● 预览：随着字体的改变和效果的修改动态显示样例文字。在字符预览图像下方的方框中输入字符,将改变样例文字。

● 应用(A)：将对话框中所做的样式更改应用到图形中具有当前样式的文字。

3. 设置文字样式

在【文字样式】对话框内进行建立设置文字样式的步骤介绍如下。

图 7-2 【新建文字样式】对话框

1) 建立"AutoCAD 汉字"文字样式

(1) 选择【格式】/【文字样式】命令,弹性【文字样式】对话框。

(2) 鼠标点击【新建(N)…】按钮,弹出【新建文字样式】对话框,如图 7-2 所示。

(3) 在【样式名】文本框输入【AutoCAD 汉字】,点击【确定】按钮。

(4) 回到【文字样式】对话框,在【字体】选项组的【SHX 字体(X)】下拉列表中选择【complex. shx】字体;在【字体】选项组的【大字体(B)】下拉列表中选择【gbcbig. shx】字体;将【宽度因子(W)】设置为 0.8。

(5) 完成后,点击【应用(A)】按钮,最后结果如图 7-3 所示。

2) 建立"微软字体"

(1) 选择【格式】/【文字样式】命令,弹出【文字样式】对话框。

(2) 点击【新建(N)…】按钮,弹出【新建文字样式】对话框,如图 7-2 所示。

(3) 在【样式名】文本框中输入【微软汉字】,点击【确定】按钮。

(4) 回到【文字样式】对话框,在【字体】选项组中不选中【使用大字体(U)】复选框,【大字体(B)】变灰失效,在【SHX 字体(X)】下拉列表中选择【宋体】字体;将【宽度因子(W)】设置为 0.7。

(5) 完成后,点击【应用(A)】按钮,最后结果如图 7-4 所示。

图 7-3 新建"AutoCAD 汉字"文字样式

图 7-4 新建"微软字体"文字样式

二、创建单行文字

使用单行文字(TEXT)创建单行或多行文字,按回车键结束每行。每行文字都是独立的对象,可以重新定位、调整格式或进行其他修改。

1. 命令调用方式

● 选择【绘图】/【文字】/【单行文字】命令。

● 在命令行输入"text"。

2. 命令行提示

指定文字的起点或[对正(J)/样式(S)]：　　//指定文字所在位置点或输入"J"设定文字对正方式或输入"S"选择当前的文字样式

指定高度<当前高度>：　　//输入值,或鼠标指定高度,或按回车键选定默认高度。只有当前文字样式没有固定高度时才显示"指定高度"提示

指定文字的旋转角度<当前角度>：　　//指定角度或按回车键选定默认角度

如图7-5所示,绘制文字的对其方式为"基线左下"对齐,高度为185,旋转角度为30°

为了确定文字插入点与实际字符的位置关系,AutoCAD为文字行定义了顶线、中线、基线、底线四条线,用于确定文字行的上下位置,如图7-6所示。同时用文字行在基线的左、右端点及中点确定文字行在水平方向的对正点。

图7-5　指定文字位置　　　　图7-6　文字行的顶线、中线、基线和底线图

各选项的含义介绍如如下。

● 【对齐(A)】:通过指定基线端点来指定文字的高度和方向。字符的大小根据其高度按比例调整。文字字符串越长,字符越矮。

● 【调整(F)】:指定文字按照由两点定义的方向和一个高度值布满一个区域。文字字符串越长,字符越窄。字符高度保持不变。

● 【中心(C)】:从基线的水平中心对齐文字,此基线是由用户给出的点指定的。

● 【中间(M)】:文字在基线的水平中点和指定高度的垂直中点上对齐。中间对齐的文字不保持在基线上。

● 【右(R)】:在由用户给出的点指定的基线上右对正文字。

● 【左上(TL)】在指定为文字顶点的点上左对正文字。

● 【中上(TC)】:以指定为文字顶点的点居中对正文字。

● 【右上(TR)】:以指定为文字顶点的点右对正文字。

● 【正中(MC)】:在文字的中央水平和垂直居中对正文字。

● 【右中(MR)】:以指定为文字的中间点的点右对正文字。

● 【左下(BL)】:以指定为基线的点左对正文字。

● 【中下(BC)】:以指定为基线的点居中对正文字。

●【右下（BR）】：以指定为基线的点靠右对正文字。

3. 创建单选文字

创建单行文字的步骤如下。

（1）选择【绘图菜单】/【文字】/【单行文字】命令。

（2）指定第一个字符的插入点：如果按回车键，程序将紧接最后创建的文字对象（如果有）定位新的文字。

（3）指定文字高度：此提示只有文字高度在当前文字样式中设置为 0 时才显示。

（4）指定文字旋转角度：可以输入角度值或鼠标指定。

（5）输入文字：在每行的结尾按回车键。按照需要输入更多文字。如果在此命令中指定了另一个点，光标将移到该点上，可以继续输入。每次按回车键或指定点时，都创建了新的文字对象。

（6）按回车键结束命令。

三、创建多行文字

使用 TEXT 命令可以形成多行文字，但这样形成的多行文字不是一个整体对象，而是多个独立对象（单行文字）的组合，不能自动换行，因而不能保证正确的边距。用 MTEXT 命令形成的多行文字（也称段落文本）解决了此问题，而且相比单行文本来说提供了更多的格式选项。整个多行文字段落是一个整体对象。

1. 命令调用方式

● 选择【绘图】/【文字】/【多行文字】命令。

● 在"绘图"工具栏点击 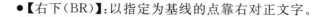 按钮。

● 在命令行输入"mtext"。

2. 命令行提示

指定第一个角点：
指定对角点或［高度（H）/对正（J）/行距（L）/旋转（R）/样式（S）/宽度（W）］： //鼠标拖动光标指定文字所在矩形区域角点或输入选项

各选项的含义介绍如下。

（1）高度（H）：指定用于多行文字字符的文字高度。如果默认高度值不是零，当前样式将使用默认高度值；否则将使用存储在 TEXTSIZE 系统变量中的高度值。字符高度是以图形单位计算的。更改高度将更新存储在 TEXTSIZE 中的值。

（2）对正（J）：根据文字边界，确定新文字或选定文字的文字对齐和文字走向。当前对正方式应用于新文字。根据对正设置和矩形上的九个对正点之一将文字在指定矩形中对正。对正点由用来指定矩形的第一点决定。文字根据其左右边界居中对正、左对正或右对正。在一行的末尾输入的空格是文字的一部分，并会影响该行的对正。文字走向根据其上下边界控制文字是与段落中央、段落顶部还是与段落底部对齐。

（3）行距（L）：指定多行文字对象的行距。行距是一行文字的底部（或基线）与下一行文字底部之间的垂直距离。用 MTEXT 创建表格时最好使用精确间距。应使用比指定的行距小的文字高度以保证文字不互相重叠。

● 至少：根据行中最大字符的高度自动调整文字行。当选定【至少】时，包含更高字符的文字行会在行之间加大间距。

● 距离：将行距设定为以图形单位测量的绝对值。有效值必须在 0.0833（0.25x）和 1.3333（4x）之间。

● 精确：强制多行文字对象中所有文字行之间的行距相等。间距由对象的文字高度或文字样式决定。

● 间距比例：将行距设定为单倍行距的倍数，可以以数字后跟 x 的形式输入行距比例，表示单倍行距的倍数。例如，输入 1x 表示单倍行距，输入 2x 表示双倍行距。

（4）旋转（R）：指定文字边界的旋转角度，如果使用定点设备指定点，则旋转角度将通过 X 轴与直线（由最近输入的点（默认情况下为 0,0,0）与指定点来定义）之间的角度来确定。重复上一个提示，直到指定文字边界的对角点为止。

（5）样式（S）：指定用于多行文字的文字样式。

● 样式名：指定文字样式名。文字样式可以用 STYLE 命令来定义和保存。行与行之间的间距会增大。

● 出样式：列出文字样式名称和特性。

（6）宽度（W）：指定文字边界的宽度，如果用定点设备指定点，那么宽度为起点与指定点之间的距离。多行文字对象每行中的单字可自动换行以适应文字边界的宽度。如果指定宽度值为 0，词语换行将关闭且多行文字对象的宽度与最长的文字行宽度一致。通过键入文字并按回车键，可以在特定点结束一行文字。要结束命令，可在 MTEXT 命令提示下按回车键。

多行文本的输入主要是通过"在位文本编辑器"进行输入，如图 7-7。命令启动后，在提示下用鼠标拖动光标指定对角点时，屏幕显示一个矩形以显示多线文字对象的位置和尺寸，矩形内的箭头指示段落文字的走向。

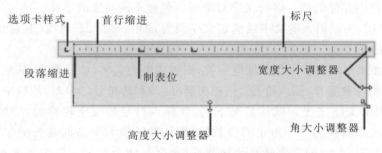

图 7-7　在位文本编辑器

3. 在位文本编辑器的使用

在位文本编辑器类似于 Word 文件编辑器,上部为"文字格式"工具栏,下部为文字输入窗口。要正确的输入文字,首先应通过"文件格式"工具栏各设置输入文字的格式。

如果如图 7-8 所示,工具栏没有显示,则可通过如下方法调出"文件格式"工具栏:右击文本输入区域,在弹出的快捷菜单中选择【编辑器设置】/【显示工具栏】命令。

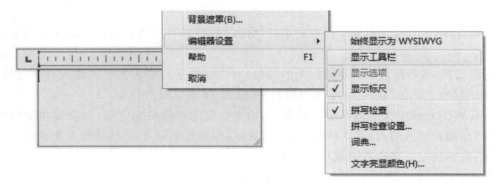

图 7-8　显示"在位文本编辑器"工具栏

通过在位文字编辑器可以创建或修改单行或多行文字对象,输入或粘贴其他文件中的文字以用于多行文字、设置制表符、调整段落和行距与对齐以及创建和修改列。

1)"文字格式"工具栏

(1)"文字样式"列表框:用于选择已存在的文字样式,向多行文字对象应用文字样式。当前样式保存在 TEXTSTYLE 系统变量中。如果将新样式应用到现有的多行文字对象中,用于字体、高度和粗体或斜体属性的字符格式将被替代。堆叠、下划线和颜色属性将保留在应用了新样式的字符中。不应用具有反向或倒置效果的样式。如果在 SHX 字体中应用定义为垂直效果的样式,这些文字将在在位文字编辑器中水平显示。

(2)"字体"列表框:为新输入的文字指定字体或改变选定文字的字体,为新输入的文字指定字体或更改选定文字的字体。TrueType 字体按字体族的名称列出。编译的形(SHX)字体按字体所在文件的名称列出。自定义字体和第三方字体在编辑器中显示为 Autodesk 提供的代理字体。

(3)"文字高度"列表框:用于设置新文字的字符高度或更改选定文字的高度,使用图形单位设定新文字的字符高度或更改选定文字的高度。如果当前文字样式没有固定高度,则文字高度是 TEXTSIZE 系统变量中存储的值。多行文字对象可以包含不同高度的字符。

(4)"字体样式"按钮:为新输入的文字或选定文字设置加粗、倾斜、下划线、上划线、删除线以及匹配文字格式效果。

(5)"堆叠"按钮:如果选定文字中包含堆叠字符,则创建堆叠文字(如分数)。如果选定堆叠文字,则取消堆叠。使用堆叠字符、插入符号(^)、正向斜杠(/)和磅符号(♯)时,堆叠字符左侧的文字将堆叠在字符右侧的文字之上。默认情况下,包含插入符号的文字转换为左对正的公差值。包含正斜杠(/)的文字转换为居中对正的分数值,斜杠被转换为一条同较长的字符串长度相同的水平线。包含磅符号(♯)的文字转换为被斜线(高度与两个文字字符串高度相同)分开的分数。斜线上方的文字向右下对齐,斜线下方的文字向左上对齐。

(6)"文字颜色"列表框:指定新文字的颜色或更改选定文字的颜色,可以将文字颜色指定为与文字所在图层相关联的颜色(BYLAYER)或包含该文字的块的颜色(BYBLOCK),也可以从颜色列表中选择一种颜色,或单击【其他】打开【选择颜色】对话框。

(7)"显示标尺"按钮:用于打开或关闭输入文字窗口上方的标尺。显示标尺时,可以更改制表符样式,调整段落缩进和首行缩进,还可以通过拖动标尺右侧和左下方的箭头来更改多行文字对象的宽度和高度。如果右击标尺上的任一点,将弹出一个快捷菜单,从中选择【设置多行文字宽度】或【设置多行文字高度】选项,将显示相应的对话框。在该对话框中可以用图形单位为多行文字对象指定宽度或高度。

(8)"对齐方式":用于设置段落的对齐方式。

(9)"编号"按钮:为段落文字设置项目符号。

(10)"插入字段"按钮:单击该按钮,将打开如图7-9所示的【字段】对话框,可从中选择需要插入的字段。

(11)"大写"和"小写"按钮:将所选文字改为大写或小写。

(12)"符号"按钮:用于插入一些特殊的字符。单击该按钮,可显示下一级子菜单,如图7-10所示,其中列出了一些常用的符号及其控制代码,如度数、正/负和直径等符号,单击即可插入。在该菜单中,选择【其他(O)…】将弹出如图7-11所示的【字符映射表】对话框,其中包含了系统中每种可用字体的整个字符集。从中选择要插入的字符,单击【选择(S)】按钮后,再单击【复制(C)】按钮将此符号复制到剪贴板上,然后将其粘贴到"在位文字编辑器"对话框的输入文字区即可。

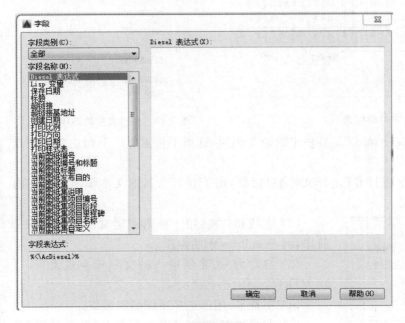

图 7-9　【字段】对话框	图 7-10　特殊字符

(13)"倾斜角度"列表框:用于设置文字的倾斜角度,确定文字是向前倾斜还是向后倾斜。倾斜角度表示的是相对于90°方向的偏移角度。输入一个-85到85之间的数值使文字倾斜。倾斜角度的值为正时文字向右倾斜,倾斜角度的值为负时文字向左倾斜。

（14）"追踪"列表框：增大或减小选定字符之间的空间，用于设置字符间距，常规间距为1，大于1可增大间距，小于1可减小间距。

（15）"宽度因子"列表框：用于设置文字的宽度因子，可扩展或收缩选定字符。设置为1.0代表此字体中字母的常规宽度。可以增大该宽度（如使用宽度因子2使宽度加倍）或减小该宽度（如使用宽度因子0.5将宽度减半）。

在一个多行文字对象中可以设置不同的字体、文字高度、颜色及字体样式等，设置完毕后，单击【确定】按钮或在编辑器外的图形中单击，可对所输入的内容及修改的格式进行保存，并关闭在位文字编辑器。若要关闭在位文字编辑器而不保存修改，可按 Esc 键。

2）选项菜单

在"文字格式"工具栏中单击"选项"按钮 ，将打开多行文字的选项菜单，如图7-12所示。

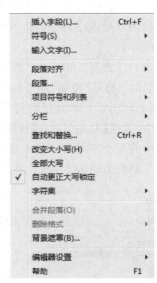

图 7-11　字符映射表　　　　　　　　图 7-12　多行文字的选项菜单

在该菜单中有些命令与"文字格式"工具栏中的命令相同，这里不再重复。下面主要介绍以下几个命令。

（1）输入文字：选择该命令将打开【选择文件】对话框，用于导入在其他文本编辑中创建的文字。

图 7-13　【背景遮罩】对话框及其示例

（2）查找和替换：用于搜索或同时替换指定的字符串，同 Windows 中的操作。

（3）自动大写：将新输入的文字转换成大写，自动大写不会影响已有的文字。

（4）字符集：用于选择所需的字符集。

（5）背景遮罩：选择该命令将打开【背景遮罩】对话框，从中可以设置是否使用背景遮罩、边界偏移因子，以及背景遮罩的填充颜色。【背景遮罩】对话框及示例如图7-13所示。

3）输入文字窗口

在输入文字窗口可以输入要标注的文字，也可以通过剪贴板将打开的其他文件的部分内容粘贴到其中，还可以通过如图 7-12 所示的选项菜单中的"输入文字"命令将整个文件导入到输入文字窗口。

四、输入特殊符号

在 AutoCAD 中，有些特殊符号不能用键盘直接输入，这些符号包括：上、下划线、％、°、±、φ等。由于输入这些符号时 TEXT 和 MTEXT 命令所使用的编码方法不同，所以输入方式也不同。用 MTEXT 命令输入特殊字符的方法见前面"在位文字编辑器"的介绍。用 TEXT 命令输入特殊字符需要用到控制字符"％％"，表 7-1 给出了一些特殊符号的输入形式。例如，要生成文本串"AutoCAD 使用说明"，可在【输入文字：】提示下输入【％％UAutoCAD％％U 使用说明】。注意：在 MTEXT 命令中，在％％之后除了跟字母 d、p 和 c 可以显示特殊字符外，跟其他字母无效。

表 7-1　TEXT 命令的特殊字符输入表

特殊字符	输入字符	说明
％	％％％	百分比符号
±	％％P	公差符号
—	％％O	上划线
__	％％U	下划线
φ	％％C	直径符号
°	％％D	角度
ASCII	％％nnn	nnn 为 ASCII 码的十进制

五、隐藏文字

如果图形包含有大量文字对象，打开 QTEXT 模式可减少 AutoCAD 重画和重生成图形的时间。在输入 QTEXT 命令后，命令行提示如下。

输入模式［开（ON）/关（OFF）］< 关 > :ON

默认的模式为【关（OFF）】，图形中的文字正常显示。输入 ON 后，可以将文字隐藏，取而代之的是包围文字行的空白矩形框，矩形框的大小反映了文字的长度、高度及其所在的位置。

注意：当更改 QTEXT 命令的选项后，图形中已有的文字显示并无变化，需要选择【视图】/【重生成】命令，执行"重生成（REGEN）"命令才能显示出来。

任务 2 编辑文本

创建的文字,都可以像其他对象一样修改,可以移动、旋转、删除和复制它,以及可以在"特性"选项板中修改文字特性。

一、修改文本内容

当较多文字需要编辑修改时,可以调用"文字"工具栏,如图 7-14 所示,根据需要选择适当的编辑命令。

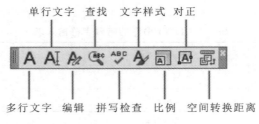

图 7-14 "文字"工具栏

1. 编辑

如果所选文字是用 TEXT 命令标注的,系统会弹出【编辑文字】对话框,并在编辑框中显示已有的文字内容以供修改。由于单行文字对象是单独的对象,故一次只能编辑一行。如果所选文字是用 MTEXT 命令标注的,系统会弹出【多行文字编辑器】对话框,并显示已有的文字供用户编辑。

修改文本内容较快捷的方式是用鼠标双击所要修改的文本,完成后会出现单行或多行文本编辑状态,根据需要完成修改。

2. 查找

搜索指定的文字字符串并用新文字进行替换,可以实现单个替换和全部替换功能,在查找时可以选择使用通配符以及是否区分大小写等。

3. 拼写检查

选择要检查的文字对象,或输入 all 选择所有文字对象。如果没有找到拼错的词语,将显示一条信息。如果找到错误拼写,"拼写检查"对话框会标识出拼错的词语。

4. 比例

使用 SCALETEXT 命令可以在不改变文本插入点位置的前提下,改变所选的多个文本对象的比例,并且允许这些文本具有不同的文字样式。

5. 对正

JUSTIFYTEXT 命令可以改变所选文字对象的对齐点而不改变文字的位置。设置多行文字对象的对正和对齐方式。"左上"选项是默认设置。在一行的末尾输入的空格是文字的一部分,并会影响该行的对正。文字根据其左右边界居中对正、左对正或右对正。文字根据其上下边界进行中央对齐、顶对齐或底对齐。

6. 在空间之间转换距离

SPACETRANS 可将模型空间或图纸空间中的长度(特别是文字高度)转换为其他空间中的等价长度。在提示输入文字高度或其他长度值时,可透明调用该命令。在命令提示下使用时,SPACETRANS 将在"命令"窗口中显示计算出的等价长度。

二、在"特性"选项板中修改文字特性

鼠标点选需要修改的文字对象,出现蓝色"夹点"后,点击标准工具栏上的"特性"工具,弹出如图 7-16 所示的"特性"选项板。在该选项板中不仅可以修改文字的内容,而且可以修改文字的特性,如颜色、图层、文字样式、对正方式、文字高度、文字的方向以及倾斜角度和旋转角度等。

图 7-15 "特性"工具

图 7-16 "特性"选项板

任务 3 创建表格

如同 Excel 表格一样，在 AutoCAD 中也可以使用表格。表格使用行和列以一种简洁、清晰的格式提供信息。常用于具有管道组件、进出口一览表、预制混凝土配料表、原料清单和许多其他组件的图形中。

在 AutoCAD 中，可以使用创建表格命令创建表格，也可以从 Excel 中直接复制表格，并将其作为 AutoCAD 表格对象粘贴到图形中。

一、表格样式

1. 创建表格

创建表格的命令调用方式如下。

● 选择【绘图】/【表格】命令。

● 在"绘图"工具栏点击 ▦ 按钮。

● 在命令行输入"table"。

命令执行后，会弹出【插入表格】对话框。创建表格首先应建立表格样式，在【插入表格】对话框内，点击【表格样式】对话框按钮，如图 7-17 所示，弹出【表格样式】对话框如图 7-18 所示。

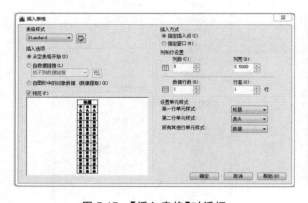

图 7-17 【插入表格】对话框 　　　　　　图 7-18 【表格样式】对话框

表格样式控制一个表格的外观。使用表格样式可以保证标准的字体、颜色、文本、高度和行距。用户可以使用默认的表格样式 STANDARD，也可以创建自己所需的表格样式。

2.【表格样式】对话框

【表格样式】对话框中各选项的含义和功能介绍如下。

● 样式(S)：用于显示当前图形所包含的表格样式。

●列出(L)：选择在【样式(S)】列表框中显示的表格样式是【所有样式】还是【正在使用的样式】。

●预览：用于显示选中的表格样式。

●置为当前(U)：单击该按钮可以将选中的表格样式设置为当前样式。

●新建(N)：用于创建新的表格样式。单击该按钮,将打开【创建新的表格样式】对话框,如图 7-19 所示。在【新样式名(N)】文本框中输入新的表格样式名,在【基础样式(S)】下拉列表中选择默认的表格样式、标准的或者任何已经创建的样式,新样式将通过在该样式的基础上进行修改得到。然后单击【继续】按钮,将打开如图 7-20 所示的【新建表格样式:Standard 副本】对话框,通过该对话框指定表格的行格式、表格方向、边框特性和文本版式等内容。

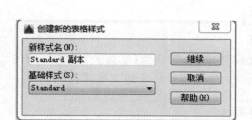

图 7-19 【创建新的表格样式】对话框   图 7-20 【新建表格样式】对话框

●修改(M)：用于修改选中的表格样式。单击该按钮,将打开【修改表格样式】对话框。该对话框与【新建表格样式】对话框基本相同。

●删除(D)：用于删除选中的表格样式,但不能是图中正在使用的样式。

3.【新建表格样式】对话框

1）起始表格

●单击"选择"按钮,可以从图形中选定一个表格(称为"起始表格"),选择表格后,可以指定要从该表格复制到表格样式的结构和内容。

●单击"删除表格"按钮,可以将该表格的格式从当前表格样式中删除。

2）常规

●【表格方向(D)】设置为【向下】,将创建由上而下读取的表格,标题行(标题)和列标题行(表头)位于表格的顶部。

●【表格方向(D)】设置为【向上】,将创建由下而上读取的表格,标题行(标题)和列标题行(表头)位于表格的底部。

3）单元样式

可以从下拉列表中选择单元样式的类型,包括数据、表头和标题等。可以在下拉列表中选择【创建新单元样式…】和【管理单元样式…】,也可以单击右侧的"创建新单元样式"和"管理单元样式"按钮,如图7-21所示。

● 创建新单元样式:单击【创建新单元样式】按钮,弹出【创建新单元样式】对话框,如图7-22所示。在【新样式名(N)】文本框中输入新单元样式的名称,在【基础样式(S)】中选择相应的样式,单击【继续】按钮,然后将返回【新建表格样式:Standard 副本】对话框。

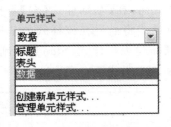

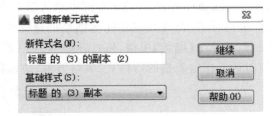

图7-21 【单元样式】下拉列表　　　图7-22 【创建新单元样式】对话框

● 管理单元样式:单击"管理单元样式"按钮,弹出【管理单元样式】对话框,如图7-23所示。其中会显示当前表格样式中的所有单元样式,并可以新建、重命名、删除单元样式。

4)【常规】选项卡

● 填充颜色(F):指定单元的背景色,其默认值为【无】。

● 对齐(A):设置表格单元中文字(字符)的对齐方式。

● 格式(O):为表格中的"标题"、"表头"、"数据"单元设置格式,默认为【常规】。单击右侧的选择按钮,将弹出【表格单元格式】对话框,如图7-24所示,从中可以进一步定义格式选项。

图7-23 【管理单元样式】对话框　　　图7-24 【表格单元格式】对话框

● 水平(Z):设置单元中的文字(字符)与左右单元边界之间的距离。

● 垂直(V):设置单元中的文字(字符)与上下单元边界之间的距离。

● 创建行/列时合并单元(M):将使用当前单元样式创建的所有新行或新列合并为一个单元,可以使用此选项在表格的顶部创建标题行。

5)【文字】选项卡(见图7-25)

● 文字样式(S):列出图形中的所有文字样式。单击右侧的选择按钮,将显示【文字样式】对话框,从中可以创建新的文字样式。

- 文字高度(I):设置文字高度。
- 文字颜色(C):设置文字颜色。
- 文字角度(G):设置文字角度。

6)【边框】选项卡(见图7-26)

- 边界按钮:一共8个按钮,通过单击边界按钮,可以将选定的特性应用到边框,控制单元边界的外观。
- 线宽(L):单击边界按钮,此设置将应用于指定边界的线宽。
- 线型(N):单击边界按钮,此设置将应用于指定边界的线型。
- 颜色(C):单击边界按钮,此设置将应用于指定边界的颜色。
- 双线(U):将表格边界显示为双线。
- 间距(P):指定双线边界的间距。

图7-25 【文字】选项卡

图7-26 【边框】选项卡

二、创建表格

设置好表格样式后,接下来就可以创建所需要的表格。启动表格命令,打开"插入表格"对话框,如图7-17所示。

在【插入方式】选项组中,选中【指定插入点(I)】单选框,可在绘图窗口中的某点插入固定大小的表格;选中【指定窗(W)】单选框,可在绘图窗口中通过拖动表格边框来创建任意大小的表格。

在【列和行设置】选项组中,可通过改变【列数(C)】、【列宽(D)】、【数据行数(R)】和【行高(G)】文本框中的数值来调整表格的外观大小。

在【设置单元样式】选项组中,可设置表格的第一行、第二行和所有其他行的单元样式。默认情况下,第一行使用【标题】单元样式;第二行使用【表头】单元样式;其他行使用【数据】单元样式。

设置好插入表格的参数后,单击【确定】按钮,即可创建相应的表格,并显示"文字格式"工具栏,进入文字编辑状态。此时,可进行表格单元中文字的输入。通过单击或使用光标移动键和TAB键,在表格单元之间进行切换。

三、编辑表格

表格的编辑主要包括编辑文字、编辑整个表格和编辑表格单元三大类。在 AutoCAD 中,可以使用表格的快捷菜单来编辑表格。当选中整个表格时,其快捷菜单如图 7-27 所示,当选中表格单元时,其快捷菜单如图 7-28 所示。

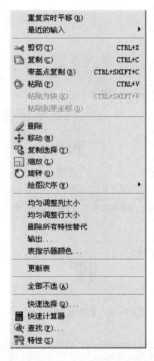

图 7-27　选中整个表格时的快捷菜单 　　图 7-28　选中表格单元时的快捷菜单

1. 编辑文字

在要编辑其文字的表格单元内双击,或者右击该单元,在快捷菜单中选择【编辑文字】选项,则进入文字编辑状态。此时可修改文字的内容,或通过"文字格式"工具栏和快捷菜单修改文字的格式。

要保存修改并退出,可单击工具栏上的"确定"按钮,或者按 Ctrl＋Enter 组合键,又或者在表格单元外单击。

2. 编辑整个表格

从图 7-27 所示的快捷菜单中可以看出,除了可以对表格进行剪切、复制、移动和旋转等简单操作,还可以均匀调整表格的行、列大小,删除所有特性替代。当选择【输出…】命令时,还可以打开【输出数据】对话框,以.csv格式输出表格中的数据。

当选中整个表格后,会出现如图7-29所示的许多蓝色"夹点",通过拖动这些夹点可以编辑表格的行高和列宽。

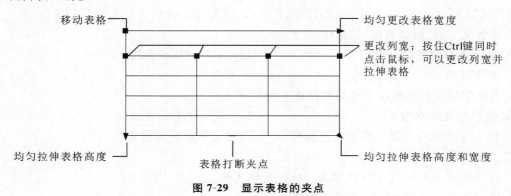

图 7-29　显示表格的夹点

3.编辑表格单元

使用如图7-28所示的表格单元快捷菜单可以编辑表格单元的格式和特性,其主要命令选项的功能介绍如下。

- 对齐:用于选择表格单元的对齐方式,如左上、正中等。
- 边框:选择该选项,将打开【单元边框特性】对话框,从中可以设置单元格边框的线宽、颜色等特性。
- 锁定:用于对表格单元中的文字内容和格式进行锁定或解锁。
- 数据格式:用于设置表格单元的数据格式。
- 匹配单元:用当前选中的表格单元格式(源对象)匹配其他表格单元(目标对象),此时鼠标指针变为刷子形状,单击目标对象即可进行匹配。
- 删除所有特性替代:用于恢复默认特性。
- 插入点:用于在表格单元中插入块、字段和公式。
- 列和行:用于进行插入和删除列和行的操作。
- 合并:用于将选中的多个连续表格单元合并。
- 特性(S):选择该命令选项,将打开"特性"选项板,可对表格单元的所有特性进行修改。

 习　题

一、选择题

1. 对于单行文字,下列说法中正确的是(　　)。

A. 用"DDEDIT"命令可以修改文字高度

B. 用"DDEDIT"命令可以重新指定文字样式

C. 在"特性"窗口中可以修改文字高度

D. 在"特性"窗口中可以重新指定文字样式

2. 若要在文字中插入"±"符号,则在标注文字时,应输入该符号的(　　)代码。

A. %%w　　　　　　　B. %%d　　　　　　C. %%p　　　　　　D. %%%

3. 下列选项中,专门用于缩放标注文字的命令是(　　)。

A. SCALE　　　　　　B. SCALETEXT　　C. TEXTSCALE　　D. LTSCALE

4. 设置文字的"倾斜角度"是指(　　)。

A. 文字本身的倾斜角度　　　　　　　　B、文字行的倾斜角度

C. 文字反向　　　　　　　　　　　　　D. 无意义

5. 在文字样式对话框中字体高度设置不为0,则(　　)。

A. 倾斜角度也不为0　　　　　　　　　B. 宽度比例会随之改变

C. 输入文字时将不提示指定文字高度　　D. 对文字输出无意义

二、填空题

1. 在 AutoCAD 中,文字标注分为_____标注和_____标注。

2. 执行_____命令可以设定文本显示状态。

3. 在 AutoCAD 中,编辑单行文本标注与多行文本标注都可使用_____命令来完成。

4. 使用_____命令标注的文本,不能使用文字编辑命令修改其字体、高度、宽度等特性。

三、判断题

1. 单行文字的特点是:所有标注文字是一个整体,用户可对其进行整体缩放等编辑操作。

2. 多行文字的特点是:每行文字都是独立的对象,用户可以单独对其进行定位和修改等编辑操作。

3. 文本快显的方式是将图形中的文本以二维线框的形式显示。

4. 图样中的多行文字与单行文字的编辑方法相同。

四、问答题

1. 简述在 AutoCAD 中设置当前文字样式的方法。

2. 单行文字输入和多行文字输入有哪些主要区别？它们各适用于什么场合？

3. 文字编辑有哪些方式?

五、绘图题

绘制如图 7-30 所示的标题栏,并完成填写内容。

图 7-30　标题栏

尺寸标注

■ **教学目标**

掌握设置和修改尺寸标注样式的方法,利用已经设置的标注样式结合各种标注方法给图形进行标注并能修改。

■ **教学重点与难点**

(1) 设置直线形尺寸标注样式。

(2) 设置圆形尺寸标注样式。

(3) 设置角度形尺寸标注样式。

(4) 编辑尺寸标注。

利用 Auto CAD 软件系统的绘图命令和编辑命令可以完成一般工程图的图形绘制,但是对于一个完整的工程图绘制,不仅要有图形,还需要有尺寸标注及文字说明。在尺寸标注及文本创建等方面,Auto CAD 软件系统不仅提供了比较全面的尺寸标注功能,同时也提供了非常丰富的文本创建方法。

本章主要介绍的内容是 Auto CAD 软件系统的尺寸标注操作。在 Auto CAD 软件系统中,尺寸标注操作的主要内容有:设置尺寸标注样式及尺寸标注系统变量,对图形对象进行各类的尺寸标注及尺寸标注的编辑操作。

任务 1 尺寸标注基础

Auto CAD 软件系统中的尺寸标注组成与我国的制图标准基本一致,一个完整的尺寸标注是由尺寸线、尺寸界线、箭头(建筑图形中多用斜短线表示)和尺寸文字构成,具体的构成如图 8-1 所示。

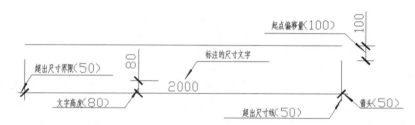

图 8-1　尺寸标注基本组成

1. 尺寸线

尺寸线用于标明尺寸的标注的方位。在 Auto CAD 软件系统中,通常对尺寸线有如下的基本要求:① 尺寸线用细实线表示;② 一般情况下,尺寸线不超出尺寸界线;③ 尺寸线与被标注的轮廓线之间的距离及相互平行的尺寸线之间的距离一般应控制在 7~8 毫米之间;

● 中心线、尺寸界线及其他任何图线均不能用作尺寸线。

2. 尺寸界线

标明尺寸标注的范围。在 Auto CAD 软件系统中,通常对尺寸界线有如下的基本要求:① 尺寸界线用细实线表示;② 通常情况下,尺寸界线垂直于尺寸线,并超出尺寸线 2 毫米左右;③ 尺寸界线不宜与被标注的轮廓线相接,一般应有不小于 2 毫米左右的间隙。

3. 箭头(建筑图形多用斜短线)

箭头用于标明尺寸标注的起止。在 Auto CAD 软件系统中,通常对箭头有如下的基本要求。

（1）箭头可以采用多种方式，如实心闭合、空心闭合、点、建筑标记等，具体采用的形式，根据实际工程图的绘制要求确定。

（2）在建筑工程图中，箭头一般采用45°倾斜的中粗线（斜短线），斜短线的长度应控制在2～3毫米之间。

（3）当相邻的尺寸界线间距较小时，可采用小圆点代替斜短线。

4. 尺寸文字

尺寸文字用于标明尺寸标注的标注内容。在 Auto CAD 软件系统中，通常对尺寸文字有如下的基本要求。

（1）建筑工程图中尺寸标注的大小反映被标注实体的实际尺寸，通常与绘图的比例尺寸无关。

（2）建筑工程图中的尺寸标注的大小，除了高度以米为单位外，其他部分均以毫米为单位，尺寸标注的大小不须注明单位。

（3）尺寸标注的尺寸文字高度一般控制在 3.5 毫米。

（4）尽可能地避免任何图形实体与尺寸文字的相交，当不可避免时，必须将这一图形实体断开。

任务 2 尺寸标注创建与管理

一、设置尺寸标注样式

在进行尺寸标注操作前，应按绘图标准对尺寸标注样式进行设置，可以采用键盘命令设置方法或下拉菜单设置方法进行尺寸标注样式的设置操作。

1. 下拉菜单设置方式

选择【标注(N)】/【标注样式(S)】命令，弹出如图 8-2 所示的【标注样式管理器】对话框。完成【标注样式管理器】对话框的设置操作后，单击【关闭】按钮。

2. 常用操作选项介绍

【标注样式管理器】对话框中常用操作选项的介绍如下。

● 当前标注样式：用于显示当前标注样式的名称。默认标注样式为标准【Standard】。当前样式将应用于所创建的标注。

● 样式(S)列表框：用于列出图形中的标注样式。当前样式被亮显。在列表中右击可显示快捷菜单及选项，可用于设定当前标注样式、重命名样式和删除样式。不能删除当前样式或当前图形使用的样式。如果要查看图形中所有的标注样式,应在【弹出(L)】下拉列表中选择【所有样式】;如果只希望查看图形中标注当前使用的标注样式,应在【弹出(L)】下拉列表中选择【正在使用的样式】。

- 不列出外部参照中的样式(D):如果选中此复选框,在【样式(S)】列表中将不显示外部参照图形的标注样式。
- 预览:用于显示当前标注样式的具体标注形式。
- 说明:用于说明【样式(S)】列表中与当前样式相关的选定样式。如果说明超出给定的空间,可以单击窗格并使用箭头键向下滚动。
- 置为当前(U):将设置的标注样式定义为当前标注样式。
- 新建(N):用于显示【创建新标注样式】对话框,从中可以定义新的标注样式。
- 修改(M):用于显示【修改标注样式】对话框,从中可以修改标注样式。其对话框选项与【新建标注样式】对话框中的选项相同。
- 替代(O):可显示【替代当前样式】对话框,从中可以设定标注样式的临时替代值。其对话框选项与【新建标注样式】对话框中的选项相同。替代将作为未保存的更改结果显示在【样式(S)】列表中的标注样式下。
- 比较(C):可显示【比较标注样式】对话框,从中可以比较两个标注样式或列出一个标注样式的所有特性。

3.【修改标注样式】对话框的常用设置

单击【修改(M)…】按钮,弹出如图 8-3 所示的【修改标注样式】对话框,可以对标注样式中的尺寸线、文字样式及标注单位等进行修改,其主要选项介绍如下。

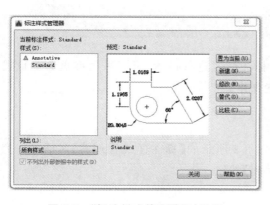

图 8-2 "标注样式管理器"对话框　　　　　图 8-3 【修改标注样式】对话框

- 【线】选项卡:设定尺寸线、尺寸界线、箭头和圆心标记的格式和特性。
- 【符号和箭头】选项卡:控制标注箭头的外观,完成直线和箭头的单选设置操作。
- 【文字】选项卡:控制标注文字的格式和大小,完成标注文字的设置操作。
- 【调整】选项卡:控制基于尺寸界线之间可用空间的文字和箭头的位置。
- 【主单位】选项卡:设定主标注单位的格式和精度,并设定标注文字的前缀和后缀。

●【换算单位】选项卡:指定标注测量值中换算单位的显示并设定其格式和精度。

●【公差】选项卡:指定标注文字中公差的显示及格式。

二、【标注样式管理器】对话框简介

创建新的尺寸标注样式就应首先理解【标注样式管理器】对话框中各选项的含义。【标注样式管理器】对话框的主要功能包括:预览尺寸样式、创建新的尺寸样式、修改已有的尺寸样式、设置一个尺寸样式的替代、设置当前的尺寸标注样式、比较尺寸标注样式、重命名尺寸标注样式和删除尺寸标注样式等。

在【标注样式管理器】对话框中,【当前标注样式】区域用于显示当前的尺寸标注样式。【样式(S)】列表框中显示了图形中所有的尺寸标注样式。用户在【样式(S)】列表框中选择了合适的标注样式后,单击【置为当前(U)】按钮,则可将选择的样式设置为当前样式。

单击【新建(N)】按钮,弹出【新建标注样式】对话框;单击【修改(M)】按钮,弹出【修改标注样式】对话框,此对话框用于修改当前尺寸标注样式的设置;单击【替代(O)】按钮,弹出【替代当前样式】对话框,在该对话框中,用户可以设置临时的尺寸标注样式,用来替代当前尺寸标注样式的相应设置。

三、【创建新标注样式】对话框

单击【标注样式管理器】对话框中的【新建(N)】按钮,弹出如图 8-4 所示的【创建新标注样式】对话框。

在【新样式名(N)】文本框中可以设置新创建的尺寸样式的名称,在【基础样式(S)】下拉列表框中可以选择新创建的尺寸标注样式将以哪个已有的样式为模板;在【用于(U)】下拉列表框中可以指定新创建的尺寸标注样式将用于哪些类型的尺寸标注。

单击【继续】按钮将关闭【创建新标注样式】对话框,并弹出如图 8-5 所示的【新建标注样式】对话框,用户可以在该对话框的各选项卡中设置相应的参数,设置完成后单击【确定】按钮,返回【标注样式管理器】对话框,在【样式(S)】列表框中可以看到新建的标注样式。

四、【新建标注样式】对话框各选项卡设置

1.【线】选项卡

【线】选项卡如图 8-5 所示,由【尺寸线】和【尺寸界线】两个选项组组成。该选项卡用于设置尺寸线、尺寸界线以及中心标记的特性等,以控制尺寸标注的几何外观。

1)【尺寸线】选项组

【尺寸线】选项组用于设置尺寸线的相关参数。

(1) 颜色(C):用于显示并设定尺寸线的颜色。如果单击【选择颜色】(在【颜色(C)】列表的底部),将弹出【选择颜色】对话框。也可以输入颜色名或颜色号。其系统变量为 DIMCLRD。

可以从 255 种 AutoCAD 颜色索引（ACI）颜色、真彩色和配色系统颜色中选择颜色。

图 8-4 【创建新标注样式】对话框

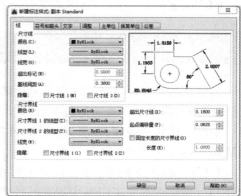

图 8-5 【线】选项卡

- 线型（L）：设定尺寸线的线型，其系统变量为 DIMLTYPE。
- 线宽（G）：设定尺寸线的线宽，其系统变量为 DIMLWD 系统变量。
- 超出标记（N）：指定当箭头使用倾斜、建筑标记、积分和无标记时尺寸线超过尺寸界线的距离，其系统变量为 DIMDLE。
- 基线间距（A）：设定基线标注的尺寸线之间的距离，输入距离，其系统变量为 DIMDLI。
- 隐藏：不显示尺寸线。选中【尺寸线 1（M）】不显示第一条尺寸线，选中【尺寸线 2（D）】不显示第二条尺寸线，其系统变量为 DIMSD1 和 DIMSD2。

2）【尺寸界线】选项组

【尺寸界线】选项组用于控制尺寸界线的外观。

（1）颜色（R）：设定尺寸界线的颜色。如果单击【选择颜色】（在【颜色（R）】列表的底部），将弹出【选择颜色】对话框。也可以输入颜色名或颜色号，其系统变量为 DIMCLRE。可以从 255 种 AutoCAD 颜色索引（ACI）颜色、真彩色和配色系统颜色中选择颜色。

- 尺寸界线 1 的线型（I）：设定第一条尺寸界线的线型，其系统变量为 DIMLTEX1。
- 尺寸界线 2 的线型（T）：设定第二条尺寸界线的线型，其系统变量为 DIMLTEX2。
- 线宽（W）：设定尺寸界线的线宽，其系统变量为 DIMLWE。
- 隐藏：不显示尺寸界线。选中【尺寸界线 1（1）】不显示第一条尺寸界线，选中【尺寸界线 2（2）】不显示第二条尺寸界线，其系统变量为 DIMSE1 和 DIMSE2。
- 超出尺寸线（X）：指定尺寸界线超出尺寸线的距离，其系统变量为 DIMEXE。
- 起点偏移量（F）：设定自图形中定义标注的点到尺寸界线的偏移距离，其系统变量为 DIMEXO。
- 固定长度的尺寸界线（O）：启用固定长度的尺寸界线，其系统变量为 DIMFXLON。
- 长度（E）：设定尺寸界线的总长度，起始于尺寸线，直到标注原点，其系统变量为 DIMFXL。
- 预览：显示样例标注图像，它可显示对标注样式设置所做更改的效果。

2.【符号和箭头】选项卡

【符号和箭头】选项卡如图 8-6 所示，主要由【箭头】【圆心标记】【折断标注】【弧长符号】【半径折弯标注】【线性折弯标注】和【预览】等六个选项组成。

1)【箭头】选项组

【箭头】选项组用于设置箭头的样式和尺寸的相关参数。

（1）第一个（T）：设定第一条尺寸线的箭头。当改变第一个箭头的类型时，第二个箭头将自动改变以同第一个箭头相匹配，其系统变量为DIMBLK1。要指定用户定义的箭头块，应选择【用户箭头】，弹出【选择自定义箭头块】对话框，在其中选择用户定义的箭头块的名称。该块必须在图形中。

（2）第二个（D）：设定第二条尺寸线的箭头，其系统变量为DIMBLK2。要指定用户定义的箭头块，应选择【用户箭头】，弹出【选择自定义箭头块】对话框，在其中选择用户定义的箭头块的名称。该块必须在图形中。

（3）引线（L）：设定引线箭头，其系统变量为DIMLDRBLK。要指定用户定义的箭头块，应选择【用户箭头】，弹出【选择自定义箭头块】对话框，在其中选择用户定义的箭头块的名称。该块必须在图形中。

（4）箭头大小（I）：显示和设定箭头的大小，其系统变量为DIMASZ。注意：注释性块不能用作标注或引线的自定义箭头。

2)【圆心标记】选项组

【圆心标记】选项组用于控制直径标注和半径标注的圆心标记和中心线的外观。

（1）无（N）：不创建圆心标记或中心线，该值在DIMCEN系统变量中存储为0。

（2）标记（M）：创建圆心标记。在DIMCEN系统变量中，圆心标记的大小存储为正值。

（3）直线（E）：创建中心线。中心线的大小在DIMCEN系统变量中存储为负值。

（4）大小：显示和设定圆心标记或中心线的大小，其系统变量为DIMCEN。

3)【折断标注】选项组

【折断标注】选项组用于控制折断标注的间隙宽度，显示和设定用于折断标注的间隙大小。

4)【弧长符号】选项组

【弧长符号】选项组用于控制弧长标注中圆弧符号的显示，其系统变量为DIMARCSYM。

（1）标注文字的前缀（P）：将弧长符号放置于标注文字之前，其系统变量为DIMARCSYM。

（2）标注文字的上方（A）：将弧长符号放置于标注文字的上方，其系统变量为DIMARCSYM。

（3）无（O）：不显示弧长符号，其系统变量为DIMARCSYM。

5)【半径折弯标注】选项组

【半径折弯标注】选项组用于控制折弯（Z字形）半径标注的显示。折弯半径标注通常在圆或圆弧的圆心位于页面外部时创建。

折弯角度（J）：确定折弯半径标注中，尺寸线的横向线段的角度，其系统变量为DIMJOGANG。

6)【线性折弯标注】选项组

【线性折弯标注】选项组用于控制线性标注折弯的显示。当标注不能精确表示实际尺寸时，通常将折弯线添加到线性标注中。通常，实际尺寸比所需值小。折弯高度因子通过形成折弯的角度的两个顶点之间的距离确定折弯高度。

7)【预览】窗口

【预览】窗口用于显示样例标注图像,它可显示对标注样式设置所做更改的效果。

3.【文字】选项卡

【文字】选项卡如图8-7所示,由【文字外观】【文字位置】【文字对齐】和【预览】窗口三个选项组成,用于设置标注文字的格式、位置及对齐方式等特性。

图8-6 【符号和箭头】选项卡

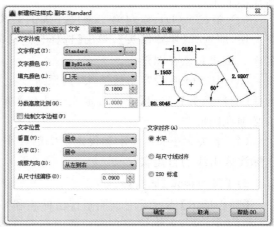

图8-7 【文字】选项卡

1)【文字外观】选项组

【文字外观】选项组用于控制标注文字的格式和大小。

(1) 文字样式(Y):列出可用的文本样式。

(2)【文字样式(Y)】右侧的按钮:显示【文字样式】对话框,从中可以创建或修改文字样式,其系统变量为DIMTXSTY。

(3)【文字颜色(C)】:设定标注文字的颜色。如果单击【选择颜色】(在【颜色】列表的底部),将弹出【选择颜色】对话框。也可以输入颜色名或颜色号,其系统变量为DIMCLRT。

(4) 填充颜色(L):设定标注中文字背景的颜色。如果单击【选择颜色】(在【颜色】列表的底部),将弹出【选择颜色】对话框。也可以输入颜色名或颜色号,其系统变量为 DIMTFILL 和 DIMTFILLCLR。

(5) 文字高度(T):设定当前标注文字样式的高度,其系统变量为DIMTXT。如果在此选项卡上指定的文字样式具有固定的文字高度,则该高度将替代在此处设置的文字高度。如果要在此处设置标注文字的高度,应确保将文字样式的高度设置为0。查看 STYLE 命令,以获取有关为文字样式设置文字高度的信息。

(6) 分数高度比例(H):设定相对于标注文字的分数比例,其系统变量为DIMTFAC。在此处输入的值乘以文字高度,可确定标注分数相对于标注文字的高度。仅当在【主单位】选项卡中选择【分数】作为【单位格式】时,此选项才可用。

(7) 绘制文字边框(F):显示标注文字的矩形边框。此选项会将存储在 DIMGAP 系统变量中的值更改为负值。

2)【文字位置】选项组

【文字位置】选项组用于控制标注文字的位置。

(1) 垂直(V):控制标注文字相对尺寸线的垂直位置,其系统变量为DIMTAD。

居中:将标注文字放在尺寸线的两部分中间。上方:将标注文字放在尺寸线上方,从尺寸线到文字的最低基线的距离就是当前的文字间距。外部:将标注文字放在尺寸线上远离第一个定义点的一边。JIS:按照日本工业标准(JIS)放置标注文字。下方:将标注文字放在尺寸线下方,从尺寸线到文字的最低基线的距离就是当前的文字间距。

(2) 水平(Z):控制标注文字在尺寸线上相对于尺寸界线的水平位置。

居中:将标注文字沿尺寸线放在两条尺寸界线的中间。第一条尺寸界线:沿尺寸线与第一条尺寸界线左对正,尺寸界线与标注文字的距离是箭头大小加上文字间距之和的两倍。第二条尺寸界线:沿尺寸线与第二条尺寸界线右对正,尺寸界线与标注文字的距离是箭头大小加上文字间距之和的两倍。第一条尺寸界线上方:沿第一条尺寸界线放置标注文字或将标注文字放在第一条尺寸界线之上。第二条尺寸界线上方:沿第二条尺寸界线放置标注文字或将标注文字放在第二条尺寸界线之上。

(3) 观察方向(D):控制标注文字的观察方向,其系统变量为DIMTXTDIRECTION。

从左到右:按从左到右阅读的方式放置文字。从右到左:按从右到左阅读的方式放置文字。

(4) 从尺寸线偏移(O):设定当前文字间距,文字间距是指当尺寸线断开以容纳标注文字时标注文字周围的距离。此值也用作尺寸线段所需的最小长度。仅当生成的线段至少与文字间距同样长时,才会将文字放置在尺寸界线内侧。仅当箭头、标注文字以及页边距有足够的空间容纳文字间距时,才将尺寸线上方或下方的文字置于内侧。其系统变量为DIMGAP。

3)【文字对齐】选项组

【文字对齐】选项组用于控制标注文字放在尺寸界线外边或里边时的方向是保持水平还是与尺寸界线平行。其系统变量为DIMTIH和DIMTOH。

(1) 水平:水平放置文字。

(2) 与尺寸线对齐:文字与尺寸线对齐。

(3) ISO标准:当文字在尺寸界线内时,文字与尺寸线对齐。当文字在尺寸界线外时,文字水平排列。

4)【预览】窗口

【预览】窗口用于显示样例标注图像,它可显示对标注样式设置所做更改的效果。

4.【调整】选项卡

如图8-8所示的是【调整】选项卡,其主要用来调整各尺寸要素之间的相对位置。其分为【调整选项(F)】【文字位置】【标注特征比例】【优化(T)】四个选项组和【预览】窗口。

1)【调整选项(F)】选项组

【调整选项(F)】选项组用于控制基于尺寸界线之间可用空间的文字和箭头的位置。

(1) 文字或箭头(最佳效果):按照最佳效果将文字或箭头移动到尺寸界线外其系统变量为DIMATFIT。当尺寸界线间的距离足够放置文字和箭头时,文字和箭头都放在尺寸界线内。否则,将按照最佳效果移动文字或箭头。当尺寸界线间的距离仅够容纳文字时,将文字放在尺寸界线内,而箭头放在尺寸界线外。当尺寸界线间的距离仅够容纳箭头时,将箭头放在尺寸界线内,而文字放在尺寸界线外。当尺寸界线间的距离既不够放文字又不够放箭头时,文字和箭头都放在尺寸界线外。

(2)箭头:先将箭头移动到尺寸界线外,然后移动文字,其系统变量为 DIMATFIT。当尺寸界线间的距离足够放置文字和箭头时,文字和箭头都放在尺寸界线内。当尺寸界线间距离仅够放下箭头时,将箭头放在尺寸界线内,而文字放在尺寸界线外。当尺寸界线间距离不足以放下箭头时,文字和箭头都放在尺寸界线外。

(3)文字:先将文字移动到尺寸界线外,然后移动箭头,其系统变量为 DIMATFIT。当尺寸界线间的距离足够放置文字和箭头时,文字和箭头都放在尺寸界线内。当尺寸界线间的距离仅能容纳文字时,将文字放在尺寸界线内,而箭头放在尺寸界线外。当尺寸界线间距离不足以放下文字时,文字和箭头都放在尺寸界线外。

(4)文字和箭头:当尺寸界线间距离不足以放下文字和箭头时,文字和箭头都移到尺寸界线外,其系统变量为 DIMATFIT。

(5)文字始终保持在尺寸界线之间:始终将文字放在尺寸界线之间,其系统变量为 DIMTIX。

(6)若箭头不能放在尺寸界线内,则将其取消:如果尺寸界线内没有足够的空间,则不显示箭头,其系统变量为 DIMSOXD。

2)【文字位置】选项组

【文字位置】选项组用于设定标注文字从默认位置(即由标注样式定义的位置)移动时标注文字的位置,其系统变量为 DIMTMOVE。

(1)尺寸线旁边(B):如果选定,只要移动标注文字尺寸线就会随之移动,其系统变量为 DIMTMOVE。

(2)尺寸线上方,带引线(L):如果选定,移动文字时尺寸线不会移动。如果将文字从尺寸线上移开,将创建一条连接文字和尺寸线的引线。当文字非常靠近尺寸线时,将省略引线,其系统变量为 DIMTMOVE。

(3)尺寸线上方,不带引线(L):如果选定,移动文字时尺寸线不会移动。远离尺寸线的文字不与带引线的尺寸线相连,其系统变量为 DIMTMOVE。

3)【标注特征比例】选项组

【标注特征比例】选项组用于设定全局标注比例值或图纸空间比例。

(1)注释性(A):指定标注为注释性。注释性对象和样式用于控制注释对象在模型空间或布局中显示的尺寸和比例。

(2)将标注缩放到布局:根据当前模型空间视口和图纸空间之间的比例确定比例因子,其系统变量为 DIMSCALE。当在图纸空间而不是模型空间视口中绘图时,或当 TILEMODE 设置为1时,将使用默认比例因子 1.0 或使用 DIMSCALE 系统变量。

(3)使用全局比例(S):为所有标注样式设置设定一个比例,这些设置指定了大小、距离或间距,包括文字和箭头大小。该缩放比例并不更改标注的测量值,其系统变量为 DIMSCALE。

4)【优化(T)】选项组

(1)手动放置文字(P):忽略所有水平对正设置并把文字放在"尺寸线位置"提示下指定的

位置,其系统变量为 DIMUPT。

(2) 在尺寸界线之间绘制尺寸线(D):即使箭头放在测量点之外,也在测量点之间绘制尺寸线,其系统变量为 DIMTOFL。

5)【预览】窗口

【预览】窗口用于显示样例标注图像,它可显示对标注样式设置所做更改的效果。

5.【主单位】选项卡

【主单位】选项卡如图 8-9 所示,其用于设置主单位的格式及精度,同时还可以设置标注文字的前缀和后缀。

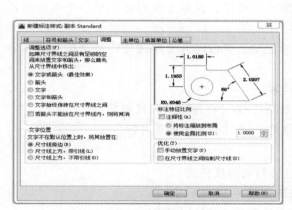

图 8-8 【调整】选项卡

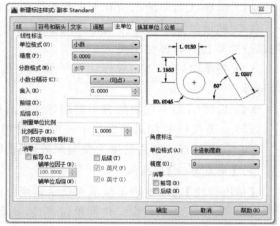

图 8-9 【主单位】选项卡

1)【线性标注】选项组

【线性标注】选项组用于设定线性标注的格式和精度。

(1) 单位格式(U):设定除角度之外的所有标注类型的当前单位格式,其系统变量为 DIMLUNIT。

其中,堆叠分数中数字的相对大小由 DIMTFAC 系统变量确定。同样,公差数值也由此系统变量确定。

(2) 精度(P):显示和设定标注文字中的小数位数,其系统变量为 DIMDEC。

(3) 分数格式(M):设定分数格式,其系统变量为 DIMFRAC。

(4) 小数分隔符(C):设定用于十进制格式的分隔符,其系统变量为 DIMDSEP。

(5) 舍入(R):为除【角度】之外的所有标注类型设置标注测量的最近舍入值,其系统变量为 DIMRND。如果输入 0.25,则所有标注距离都以 0.25 为单位进行舍入;如果输入 1.0,则所有标注距离都将舍入为最接近的整数。注意,小数点后显示的位数取决于【精度(P)】设置。

(6) 前缀(X):在标注文字中包含指定的前缀,其系统变量为 DIMPOST。可以输入文字或使用控制代码显示特殊符号。例如,输入控制代码 %%c 显示直径符号。当输入前缀时,将覆盖在直径和半径等标注中使用的任何默认前缀。

(7) 后缀(S):在标注文字中包含指定的后缀,其系统变量为 DIMPOST。可以输入文字或使用控制代码显示特殊符号。

2）【测量单位比例】选项组

【测量单位比例】选项组用于定义线性比例选项，主要应用于传统图形。

（1）比例因子（E）：设置线性标注测量值的比例因子。建议不要更改此值的默认值 1.00，其系统变量为 DIMLFAC。

（2）仅应用到布局标注：仅将测量比例因子应用于在布局视口中创建的标注。除非使用非关联标注，否则，该设置应保持取消复选状态，其系统变量为 DIMLFAC。

3）【消零】选项组

【消零】选项组用于控制是否禁止输出前导零和后续零以及零英尺和零英寸部分，其系统变量为 DIMZIN。

（1）前导（L）：不输出所有十进制标注中的前导零。

（2）辅单位因子（B）：将辅单位的数量设定为一个单位。它用于在距离小于一个单位时以辅单位为单位计算标注距离。

（3）辅单位后缀（N）：在标注值子单位中包含后缀。可以输入文字或使用控制代码显示特殊符号。

（4）后续（T）：不输出所有十进制标注的后续零。

（5）0 英尺（F）：如果长度小于一英尺，则消除英尺-英寸标注中的英尺部分。

（6）0 英寸（I）：如果长度为整英尺数，则消除英尺-英寸标注中的英寸部分。

4）【角度标注】选项组

【角度标注】选项组用于显示和设定角度标注的当前角度格式。

（1）单位格式（A）：设定角度单位格式，其系统变量为 DIMAUNIT。

（2）精度（O）：设定角度标注的小数位数，其系统变量为 DIMADEC。

5）【消零】选项组

【消零】选项组用于控制是否禁止输出前导零和后续零，其系统变量为 DIMAZIN。

（1）前导（D）：禁止输出角度十进制标注中的前导零，也可以显示小于一个单位的标注距离（以辅单位为单位）。

（2）后续（N）：禁止输出角度十进制标注中的后续零。

6）【预览】窗口

【预览】窗口用于显示样例标注图像，它可显示对标注样式设置所做更改的效果。

6.【换算单位】选项卡

如图 8-10 所示的【换算单位】选项卡，其主要用来设置换算尺寸单位的格式和精度并设置尺寸数字的前缀和后缀，其各操作项与【主单位】选项卡的同类型基本相同。

7.【公差】选项卡

如图 8-11 所示的是【公差】选项卡，其主要用来控制公差标注形式、公差值大小及公差数字的高度及位置等。

1）【公差格式】选项组

【公差格式】选项组用于控制公差格式。

图 8-10 【换算单位】选项卡

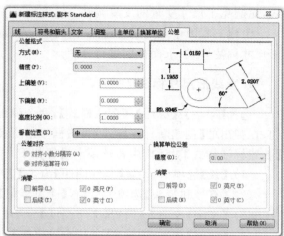

图 8-11 【公差】选项卡

（1）方式（M）：设定计算公差的方法。

（2）精度（P）：设定小数位数，其系统变量为 DIMTDEC。

（3）上偏差（V）：设定最大公差或上偏差。如果在【方式（M）】中选择"对称"，则此值将用于公差，其系统变量为 DIMTP。

（4）下偏差（W）：设定最小公差或下偏差，其系统变量为 DIMTM。

（5）高度比例（H）：设定公差文字的当前高度。计算出的公差高度与主标注文字高度的比例存储在 DIMTFAC 系统变量中。

（6）垂直位置（S）：控制对称公差和极限公差的文字对正。

2）【公差对齐】选项组

【公差对齐】选项组用于堆叠时控制上偏差值和下偏差值的对齐。

（1）对齐小数分隔符（A）：通过值的小数分割符堆叠值。

（2）对齐运算符（G）：通过值的运算符堆叠值。

3）【消零】选项组

【消零】选项组用于控制是否禁止输出前导零和后续零以及零英尺和零英寸部分，其系统变量为 DIMTZIN。

（1）前导（L）：不输出所有十进制标注中的前导零。

（2）后续（T）：不输出所有十进制标注的后续零。

（3）0 英尺（F）：如果长度小于一英尺，则消除英尺-英寸标注中的英尺部分。

（4）0 英寸（I）：如果长度为整英尺数，则消除英尺-英寸标注中的英寸部分。

4）【预览】窗口

【预览】窗口用于显示样例标注图像，它可显示对标注样式设置所做更改的效果。

五、三种常见尺寸标注样式设置

在绘制的工程图中，通常都有许多标注尺寸的形式，要提高绘图速度，应把绘图中所采用的尺寸标注形式一一创建为尺寸标注样式，这样在绘图中标注尺寸时只需调用所需尺寸标注样式,而避免了尺寸变量的反复调整。

土建工程图中常用的三种尺寸标注样式为:直线形尺寸标注样式、圆形尺寸标注样式、角度形尺寸标注样式,下面分别进行介绍。

1. 直线形尺寸标注样式

选择【菜单】/【标注】/【标注样式】,命令弹出【标注样式管理器】对话框,单击【新建(N)…】按钮,在弹出的【创建新标注样式】对话框中给所设置的标注样式起名,单击【继续】按钮,在弹出的【新建标注样式】对话框中各选项卡设置如下。

(1)【线】选项卡:设置【基线间距】为8,【超出尺寸线】为3、【起点偏移量】为2。

(2)【符号和箭头】选项卡:设置【建筑标记】【箭头大小】为3,其余选项选择默认值。

(3)【文字】选项卡:设置【文字高度】为4,【从尺寸线偏移】为1,选中【与尺寸线对齐】。

(4)【调整】选项卡:设置【使用全局比例】为100,与绘图比例一致。

(5)【主单位】选项卡,设置【精度】为0。

(6)【换算单位】选项卡:各选项选择默认值。

(7)【公差】选项卡:各选项选择默认值。

单击【确定】,关闭对话框,完成设置。

2. 圆形尺寸标注样式

选择【菜单】/【标注】/【标注样式】命令,弹出【标注样式管理器】对话框,单击【新建(N)…】按钮,在弹出的【创建新标注样式】对话框中给所设置的标注样式起名,单击【继续】按钮,在弹出的【新建标注样式】对话框中各选项卡设置如下。

(1)【线】选项卡:设置【基线间距】为8,【超出尺寸线】为3,【起点偏移量】为2。

(2)【符号和箭头】选项卡:设置【箭头大小】为3,其余选项选择默认值。

(3)【文字】选项卡:设置【文字高度】为4,【从尺寸线偏移】为1,选中【ISO 标准】。

(4)【调整】选项卡:选中【箭头】、手动放置文字,设置【使用全局比例】为100,与绘图比例一致。

(5)【主单位】选项卡:设置【精度】为0。

(6)【换算单位】选项卡:选项选择默认值。

(7)【公差】选项卡:选项选择默认值。

单击【确定】,关闭对话框,完成设置。

3. 角度形尺寸标注样式

选择【菜单】/【标注】/【标注样式】命令,弹出【标注样式管理器】对话框,单击【新建(N)…】按钮,在弹出的【创建新标注样式】对话框中给所设置的标注样式起名,单击【继续】按钮,在弹出的【新建标注样式】对话框中各选项卡设置如下。

(1)【线】选项卡:设置【基线间距】为8,【超出尺寸线】为3,【起点偏移量】为2。

(2)【符号和箭头】选项卡:设置【箭头大小】为3。

(3)【文字】选项卡:设置【文字高度】为4,【从尺寸线偏移】为1,选中【水平】。

(4)【调整】选项卡:设置【使用全局比例】为100,与绘图比例一致。

(5)【主单位】选项卡:设置【精度】为0。

(6)【换算单位】选项卡:选项选择默认值。

(7)【公差】选项卡:选项选择默认值。

单击【确定】,关闭对话框,完成设置。

六、修改和替代标注样式

已设置的尺寸标注样式也可以修改和替代。

在【标注样式管理器】对话框的【样式】下拉列表框中,选择需要修改的标注样式,然后单击【修改】按钮,弹出【修改标注样式】对话框,可以在该对话框中对该样式的参数进行修改。

同样的,在【标注样式管理器】对话框的【样式】下拉列表框中,选择需要替代的标注样式,单击【替代】按钮,弹出【替代当前样式】对话框,用户可以在该对话框中设置临时的尺寸标注样式,以替代当前尺寸标注样式的相应设置。【新建标注样式】和【修改标注样式】以及【替代当前样式】是一致的。

任务 3 尺寸标注

一、直线形尺寸标注

直线形尺寸标注是工程制图最常见的尺寸,包括水平尺寸、垂直尺寸、对齐尺寸、基线标注和连续标注等。下面将分别介绍这几种尺寸标注的标注方法。

1. 线性标注

执行线性标注命令,可以标注水平方向尺寸和垂直方向尺寸。其命令调用方式如下。

(1) 在"标注"工具栏中单击"线性标注"按钮。

(2) 选择【标注】/【线性】命令。

(3) 在命令行输入"DIMLINEAR"。

操作说明:输入命令后,命令行提示如下。

```
第一条尺寸界线原点或< 选择对象>:        //选取一点作为第一条尺寸界线的起点
第二条尺寸界线原点:              //选取一点作为第二条尺寸界线的起点
指定尺寸线位置或[多行文字(M)/文字(T)/角度(A)/水平(H)/垂直(V)/旋转(R)]:
                          //移动光标指定尺寸线位置,也可设置其他选项
标注文字:                  //系统自动提示数字信息
```

2. 对齐标注

对齐标注可以标注某一条倾斜的线段的实际长度。其命令调用方式如下。

(1) 在"标注"工具栏单击"对齐标注"按钮。

（2）选择【标注】/【对齐】命令。

（3）在命令行输入"DIMALLGNEAD"。

输入命令后,命令行提示与操作与线性标注类似。线性标注与对齐标注如图 8-12 所示。

3. 基线标注

在工程制图中,往往以某一面(或线)作为基准,其他尺寸都以该基准进行定位或画线,这就是基线标注。基线标注需要以事先完成的线性标注为基础。其命令调用方式如下。

（1）"标注"工具栏中单击"基线"按钮。

（2）选择【标注】/【基线标注】命令。

（3）在命令行输入"DIMBASELINE"。

操作说明:输入命令后,命令行提示如下。

指定第二条尺寸界线原点或［放弃(U)/选择(S)］〈选择〉:	//选取第二条尺寸界线起点
标注文字:	//系统自动提示数字信息

继续提示指定第二条尺寸界线起点,直到结束。基线标注如图 8-13 所示。

4. 连续标注

连续标注是首尾相连的多个标注,前一尺寸的第二尺寸界线就是后一个尺寸的第一尺寸界线。其命令调用方式如下。

（1）在"标注"工具栏单击"连续标注"按钮。

（2）选择【标注】/【连续标注】命令。

（3）在命令行输入"DIMCONTINUE"。

输入命令后,命令行提示与"基线标注"类似。标注效果如图 8-14 所示。

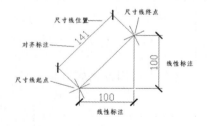

图 8-12 线性标注与对齐标注

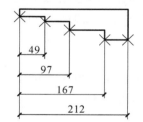

图 8-13 基线标注

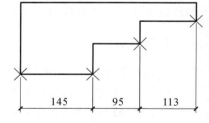

图 8-14 连续标注

5. 等距标注

使用该命令可以自动调整平行的线性标注和角度标注之间的间距,或根据指定的间距值进行调整。除了调整尺寸线间距,还可以通过输入间距值 0 使尺寸线相互对齐。由于能够调整尺寸线的间距或对齐尺寸线,因而无须重新创建标注或使用夹点逐条对齐并重新定位尺寸线。其命令调用方式如下。

（1）在"标注"工具栏中单击"等距标注"按钮。

（2）选择【标注】/【等距标注】命令。

（3）在命令行中输入:"DIMSPACE"。

操作说明:输入命令后,命令行提示如下。

选择基准标注:	//指定作为基准的尺标注
选择要产生间距的标注:	//指定要控制间距的尺寸标注
选择要产生间距的标注:	//可以是连续标注,回车结束选择
输入值或[自动(A)]<自动>:	//输入间距的数值

默认状态是自动的,即按照当前尺寸样式设定的间距。标注效果如图8-15和图8-16所示。

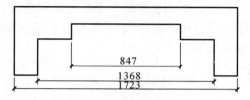

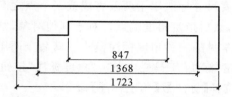

图 8-15　输入等距标注之前　　　图 8-16　输入等距标注之后

二、圆形尺寸标注

圆形尺寸标注是工程制图中比较常见的尺寸标注形式,包括标注半径尺寸和标注直径尺寸。下面将分别介绍这两种尺寸的标注方法。

(1)半径标注的命令调用方式如下。

● 在"标注"工具栏中单击"半径"按钮。

● 选择【标注】/【半径标注】命令。

● 在命令行中输入"DIMRADIUS"。

操作说明:输入命令后,命令行提示如下。

选择圆弧或圆:	//选择要标注半径的圆或圆弧对象
指定尺寸线位置或[多行文字(M)/文字(T)/角度(A)]:	//移动光标至合适位置单击鼠标
标注文字:	//系统自动提示数字信息

(2)直径标注的命令调用方式如下。

● 在"标注"工具栏中单击"直径"按钮。

● 选择【标注】/【直径标注】命令。

● 在命令行中输入"DIMDIAMETER"。

输入命令行后,命令行提示与半径标注类似。

(3)折弯半径标注的命令调用方式如下。

● 在"标注"工具栏中单击"折弯"按钮。

● 选择【标注】/【折弯标注】命令。

● 在命令行输入"DIMJOGGED"。

操作说明:输入命令后,命令行提示如下。

选择圆弧或圆:	//选择要标注的半径的圆或圆弧对象
指定中心位置替代:	//确定尺寸线的起点位置
标注文字:	//系统自动提示数字信息
指定尺寸线位置或[多行文字(M)/文字(T)/角度(A)]:	//确定尺寸线的位置
指定折弯位置:	//确定折弯的位置

标注效果如图8-17所示。

三、角度尺寸标注

1. 角度标注

角度尺寸标注用于两条直线或三个点之间的角度。要测量圆的两条半径之间角度,可以选择此圆,然后指定角度端点。对于其他对象,则需要选选择对象,然后指定标注位置。如图 8-18 所示为常见的三种角度标注模式。其命令调用方式如下。

- 在"标注"工具栏中单击"角度标注"按钮。
- 选择【标注】/【角度标注】命令。
- 在命令行输入"DIMANGULAR"。

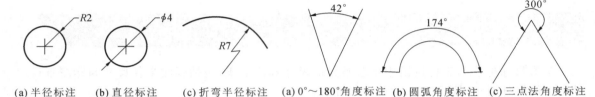

| (a) 半径标注 | (b) 直径标注 | (c) 折弯半径标注 | (a) 0°~180°角度标注 | (b) 圆弧角度标注 | (c) 三点法角度标注 |

图 8-17 圆形尺寸标注 　　　　　图 8-18 角度标注

操作说明:输入命令后,命令行提示如下。

选择圆弧、圆、直线或< 指定顶点> :	//选择标注角度尺寸对象,选择小圆弧
指定标注弧线位置或[多行文字(M)/文字(T)/角度(A)]:	//移动光标至合适位置单击鼠标
标注文字:	//系统自动提示数字信息

0°~180°角度标注:使用两条直线或多段线定义角度。程序通过将每条直线作为角度的矢量,将直线的交点作为角度顶点来确定角度。尺寸线跨越这两条直线之间的角度。如果尺寸线与被标注的直线不相交,将根据需要添加尺寸界线,以延长一条或两条直线。圆弧总是小于 180°。

其具体操作步骤为:① 执行角度标注命令;② 鼠标拾取第一条直线;③ 鼠标拾取第二条直线;④ 鼠标拖拽选择标注位置;⑤ 鼠标点击左键结束命令。

2. 圆弧角度标注

使用选定圆弧或多段线弧线段上的点作为三点角度标注的定义点。圆弧的圆心是角度的顶点,圆弧端点成为尺寸界线的原点。将选择点作为第一条尺寸界线的原点。圆的圆心是角度的顶点。第二个角度顶点是第二条尺寸界线的原点,且无须位于圆上。

其具体操作步骤为:① 执行角度标注命令;② 鼠标拾取圆弧;③ 鼠标拖拽选择标注位置;④ 鼠标点击左键结束命令。

3. 三点法角度标注

使用此方法可以标注出大于 180°的角度标注,当然也可以标注出小于 180°的角度标注。创建基于指定三点的标注,角度顶点可以同时为一个角度端点。如果需要尺寸界线,那么角度端点可用作尺寸界线的原点。在尺寸界线之间绘制一条圆弧作为尺寸线,尺寸界线从角度端点绘制到尺寸线交点。

其具体操作步骤为：① 执行角度标注命令；② 直接按回车键；③ 指定角的顶点；④ 指定角的第一个端点；⑤ 指定角的第二个端点；⑥ 鼠标点击左键结束命令。

四、编辑尺寸标注

该命令用来进行包括旋转现有文字或用新文字替换现有文字。可以将文字移动到新位置或返回初始位置，也可以将标注文字沿尺寸线移动到左、右、中心或尺寸界线之内或之外的任意位置。

1. 编辑标注

该命令用于进行修改已有尺寸标注的文本内容和文本放置方向。

1）命令调用方法

（1）在"标注"工具栏点击"编辑标注"按钮。

（2）在命令行输入"DIMEDIT"。

2）操作说明

输入命令后，命令行提示如下。

输入标注类型［默认（H）、新建（N）、旋转（R）、和倾斜（O）］< 默认>：

其中各选项的含义介绍如下。

（1）默认（H）：此选项用于将尺寸文本按 DDIM 所定义的默认位置，将选定的标注文字移回到由标注样式指定的默认位置和旋转角，方向重新放置。

（2）新建（N）：此选项用于更新所选择的尺寸标注的尺寸文本。用尖括号（＜ ＞）表示生成的测量值。要给生成的测量值添加前缀或后缀，应在尖括号前后输入前缀或后缀，用控制代码和 Unicode 字符串来输入特殊字符或符号。要编辑或替换生成的测量值，应删除尖括号，输入新的标注文字，然后选择【确定】。如果标注样式中未打开换算单位，可以通过输入方括号（［ ］）来显示它们。

（3）旋转（R）：此选项用于旋转所选择的尺寸文本。输入 0 将标注文字按默认方向放置。默认方向由【新建标注样式】对话框、【修改标注样式】对话框和【替代当前样式】对话框中的【文字】选项卡上的垂直和水平文字设置进行设置。

（4）倾斜（O）：此选项用于倾斜标注，即编辑线性文本标注，使其尺寸界线倾斜一个角度，不再与尺寸线相垂直，常用于标注锥形图形。当尺寸界线与图形的其他部件冲突时"倾斜"选项将很有用处。

2. 编辑标注文字

该命令用来修改已有尺寸标注的放置位置。

1）命令调用方法

（1）在"标注"工具栏中点击"编辑标注"按钮。

（2）命令行输入"DIMTEDIT"。

2）操作说明

输入命令后，命令行提示如下。

选择标注: //选定要修改位置的尺寸

指定标注文字的新位置或[左(L)/右(R)/中心(C)/默认(H)/角度(A)]:

其中,各选项的含义介绍如下。

(1) 左(L):此选项用于将尺寸文本按尺寸线左端放置。

(2) 右(R):此选项用于将尺寸文本按尺寸线右端放置。

(3) 中心(C):此选项用于将尺寸文本按尺寸线中心放置。

(4) 默认(H):此选项用于将尺寸文本按 DDIM 所定义的默认位置放置。

(5) 角义(A):此选项用于将尺寸文本按一定角度放置。

3. 尺寸标注更新

该命令用来进行替换所选择的尺寸标注的样式。

1) 命令调用方法

(1) 在"标注"工具栏中点击"标注更新"按钮。

(2) 在命令行输入"DIMSTYLE"。

2) 操作说明

在执行该命令前,先将需要的尺寸样式设为当前样式。

输入命令后,命令行提示如下。

选择对象: //选择要修改样式的尺寸标注

选择对象: //按回车键

命令结束后,所选择的尺寸样式变为当前样式。

任务 4 尺寸标注的编辑

在完成尺寸标注的图形中,尺寸标注的各个组成部分如文字大小、位置及箭头形式等,都可以通过调整尺寸标注样式进行修改。但是,这种方法所做的修改,将使所有该样式的标注统一发生变化。如果仅仅需要改变某一个尺寸标注的外观或文字内容,应该使用系统提供的单个尺寸标注编辑命令。

一、编辑标注

使用"编辑标注"命令可用于同时编辑一个或多个尺寸标注。该命令提供了对尺寸标注指定新文字、调整文字位置等编辑功能。启动该命令的方式如下。

(1) 选择【标注】/【对齐文字】命令。

(2) 在"标注"工具栏单击 A 按钮。

(3) 在命令行输入"DIMEDIT"。

启动命令后,命令行提示如下。

> 输入标注编辑类型［默认(H)/新建(N)/旋转(R)/倾斜(O)］< 默认> :

其中,各选项的功能介绍如下。

● 默认(H):使尺寸文字按默认位置和方向放置。

● 新建(N):重新确定尺寸文字内容。键入 N 选项后弹出"文字格式"工具栏和文字输入窗口。修改或重新输入尺寸文字后,选择需要修改的尺寸对象即可。

● 旋转(R):可将尺寸文字旋转某一角度。同样是先设置角度值,后选择尺寸对象。

● 倾斜(O):用于调整线性标注尺寸界线的旋转角度。进行线性标注时自动产生的尺寸界线垂直于尺寸线。如果这种方式所标注的尺寸与其他图形发生冲突时,可用该选项使尺寸界线相对尺寸成一角度。

二、编辑标注文字的位置

使用 DIMTEDIT 命令可重新定位尺寸文字的位置。启动该命令的方法如下。

(1) 选择菜单【标注】/【对齐文字】命令。

(2) 在"标注"工具栏中点击 按钮。

(3) 在命令行输入"DIMTEDIT"。

启动命令后,命令行提示如下。

> 选择标注:　　//选择已标注完成的尺寸对象
> 指定标注文字的新位置或［左(L)/右(R)/中心(C)/默认(H)/角度(A)］:

其中,各选项的功能介绍如下。

● 指定标注文字的新位置:重新在屏幕上指定尺寸文字的位置。

● 左(L)/右(R)/中心(C):确定尺寸文字和尺寸线的对齐关系。

● 默认(H):按默认设置位置放置尺寸文字。

● 角度(A):使尺寸文字按设定角度旋转。

三、更新标注

使用"标注更新"命令可以使所选标注采用当前的标注样式,以更新标注。启动"标注更新"命令的方法如下。

(1) 选择菜单【标注】/【更新】命令。

(2) 在"标注"工具栏点击 按钮。

(3) 在命令行输入"−DIMSTYLE"。

启动该命令后,命令行提示如下。

> 当前标注样式:样式 1　注释性:否
> 输入标注样式选项［保存(S)/恢复(R)/状态(ST)/变量(V)/应用(A)/?］< 恢复> :

其中,各选项的功能介绍如下。

● 保存(S):将当前尺寸系统变量的设置为一种尺寸标注样式来命名保存。

● 恢复（R）：将用户保存的某一尺寸标注样式恢复为当前样式。

● 状态（ST）：查看当前各尺寸系统变量的状态。选择该项，可切换到文本窗口，并显示各尺寸系统变量及其当前设置。

● 变量（V）：显示指定标注样式或对象的全部或部分尺寸系统变量及其设置。

● 应用（A）：可以根据当前尺寸系统变量的设置应用到选定的标注对象，以进行更新。

● ?：用于显示当前图形中命名的尺寸标注样式。

任务 5 应用实例

例8.1 采用以 1：1 的比例绘制如图 8-19 所示的平面图。标注的尺寸全部为轴线到轴线的距离（墙中心线），墙的宽度为 240，细部未标注的尺寸自行定义。

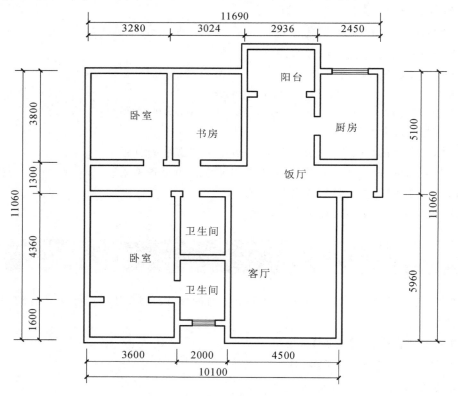

图 8-19 建筑平面图

操作步骤 （1）单击"标注样式管理器"图标，弹出【标注样式管理器】对话框，单击【新建（N）…】按钮，则弹出【创建新标标注样式】对话框，在【新样式名（N）…】输入【线型】，单击【继续】。

（2）在弹出的【新建标注样式：线】对话框选对话框中，输入参数，超出尺寸线为 300，起点偏移量为 200，其他参数选择默认值。

（3）在【符号和箭头】选项卡中,输入各项参数,箭头类型为【建筑标记】,引线为【实心闭合】,箭头大小为100,其他参数选择默认值。

（4）在【文字】选项卡中,输入各项参数值,设置文字高度为300,设置从尺寸线偏移为150,其他参数选择默认值。

（5）在【调整】选项卡中,输入各项参数值,使用全局比例1,其他参数选择默认值。

（6）在【主单位】选项卡中,输入各项参数值,精度为0,其他参数选择默认值。

（7）选择【菜单】/【标注】/【线性标注】和【连续标注】命令,标注细部尺寸。

（8）利用"分解"命令,选取相应的标注,再单击移动命令,调整数字位置,使尺寸数字清晰明了。

 习　题

一、填空题

1.一个完整的尺寸标注一般由_____、_____、_____、_____等几个部分组成。

2.使用_____命令标注对象后,尺寸线始终与标注对象保持平行。

3.线性尺寸标注命令可以标注_____、_____方向上的尺寸。

4.要根据某个基准标注连续标注对象,可使用_____命令来完成。

二、判断题

1.若要使用某个标注样式,需将该标注置为当前才能使用。　　　　　　　　　　　（　　）

2.在【新建标注样式】对话框中可对创建的标注样式的参数进行设置,如尺寸线线宽、标注箭头类型等。　　　　　　　　　　　　　　　　　　　　　　　　　　　　　　　　（　　）

3.使用 DIMLINEAR 命令可标注具有一定倾斜角度的对象尺寸。　　　　　　　　　（　　）

4.当用户替代标注样式后,需要使用标注更新命令来更新尺寸标注。　　　　　　　（　　）

三、绘图题

绘制如图 8-20 所示的建筑立面图,并完成尺寸标注。

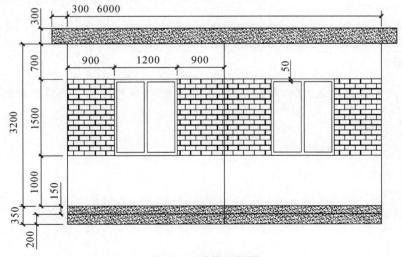

图 8-20　建筑立面图

学习情境 9

使用工作空间与打印图纸

■ **教学目标**

通过学习，应掌握合理地对【打印】对话框进行设置，并能打印出用户需要的图形。

■ **教学重点与难点**

（1）添加打印机驱动程序。

（2）创建打印布局。

（3）创建打印样式。

（4）设置打印参数。

任务 1 工作空间与浮动视口

一、使用工作空间

在 AutoCAD 中,有两类工作空间,即模型空间和图纸空间。通常情况下,用户完成绘图和设计工作是在模型空间中进行的,当需要打印输出时,再转到图纸空间中设置图形布局,这样在视觉上接近于最终的打印结果。

1. 模型空间

在前面几章绘制图形时,均是在模型空间中进行的,用户对模型空间已经比较熟悉。模型(二维或三维模型)是指用户用于表示客观对象的图形,所谓模型空间就是用户建立模型的环境。如图 9-1 所示的图标是"WCS 坐标系",用于表示当前工作环境为模型空间。

2. 图纸空间与浮动视口

图纸空间用于图形排列,绘制局部放大图及绘制视图,是规划图纸布局的一种绘图空间。如图 9-2 所示的图标表示当前绘图空间为图纸空间。AutoCAD 提供了创建一个或多个布局的功能,并以布局来表达图纸空间,用于构造或设计图形以便进行打印。

在图纸空间中,也可以设置多个视口,称之为浮动视口(也称为布局视口)。之所以称之为浮动视口,是因为用户可以根据需要来确定视口的大小和位置,并能够对视口进行移动、旋转、缩放等编辑操作,每个浮动视口可以显示用户模型(在模型空间中绘制的图形)的不同视图。

3. 浮动模型空间

若要对浮动视口中的视图进行编辑修改,必须从浮动视口进入模型空间。当用户由浮动视口转入模型空间时,称这个模型空间为浮动模型空间。

为了把浮动模型空间与通常的模型空间加以区别,我们把前面一直使用的模型空间称为平铺模型空间。

4. 工作空间的转换

1)平铺模型空间和图纸空间的转换

默认状态下,系统工作在平铺模型空间,用户可以通过单击相应的按钮,在平铺模型空间与图纸空间之间进行切换。单击 AutoCAD 窗口底部的【布局 1】【布局 2】等按钮,进入相应的图纸空间,再单击【模型】按钮可返回平铺模型空间,如图 9-3 所示。

图 9-1　模型空间图标　　　　图 9-2　图纸空间图标　　　　图 9-3　【模型】【布局】按钮

2）图纸空间与浮动模型空间之间的切换

在图纸空间布置图形时,如果需要对其中的图形进行修改,必须切换到浮动模型空间。在浮动模型空间中,用户可以在显示图纸空间整体布局的同时,编辑修改原有图形。通过下列方法实现图纸空间与浮动模型空间之间的切换。

（1）使用 MSPACE 命令或双击某视口,可以实现由图纸空间到浮动模型空间的转换,视口边界将变粗,此时可编辑修改原有图形。使用 PSPACE 命令或双击视口外部布局中的空白区域,可实现由浮动模型空间到图纸空间的转换。

（2）通过点击状态栏上的"模型"按钮或"图纸"按钮来实现浮动模型空间和图纸空间的转换。

进入浮动模型空间,用户可以像在平铺模型空间中一样来编辑、修改、查看图形。图纸空间中的每一个浮动视口都有一个相对应的浮动模型空间的视口。

二、创建浮动视口

要在图纸空间中布置图形,就必须创建浮动视口,与平铺模型空间的视图不同,系统将浮动视口本身作为一个对象,可以对其大小、形状和位置进行修改和编辑。但当在模型空间工作时,不论是处于平铺模型空间还是浮动模型空间中,均不能对浮动视口进行编辑。

学习情境 7 中介绍过用 VPORTS 命令在模型空间中创建平铺视口,实际上该命令也可以在图纸空间中创建浮动视口,但在两种环境下命令的使用略有不同。【视口】对话框中的选项也与在模型空间中略有不同,如图 9-4 所示。

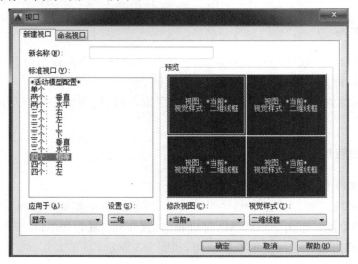

图 9-4　图纸空间中的【视口】对话框

在该对话框中有一个【视口间距】编辑框用于确定多视口之间的距离。而在【模型】选项卡中的【视口】对话框中没有该项目,因为在【模型】选项卡上创建的视口充满整个绘图区域并且相互之间不重叠。在图纸空间的视口中,各视口为一个整体,用户可以对它们执行如 COPY、SCALE、ERASE 这样的修改命令,以便修改视口的大小或改变其位置。各视口间可以相互平铺、重叠或分开。

例 9.1　　在图纸空间中将如图 9-5 所示的模型以多视口形式进行显示,效果如图 9-6 所示。

 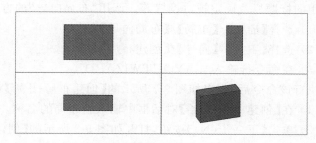

图 9-5　模型空间中的三维模型　　　图 9-6　在图纸空间中三维模型的多视口显示

操作步骤　　(1) 打开如图 9-5 所示的图形文件。

(2) 点击【布局 1】按钮,切换到图纸空间。

(3) 激活 VPORTS 命令,打开如图 9-4 所示的【视口】对话框。在该对话框中选择【标准视口(V)】为【四个:相等】,设置视口间距为 10,【设置(S)】栏选择【三维】,单击【确定】按钮。

(4) 命令行提示如下。

指定第一个角点或 ［布满(F)］< 布满 > :

在此提示下按回车键,则创建布满布局图纸页边距边缘的四个视口。选中原视口的边界,按 Delete 键,将其删除后,效果如图 9-6 所示。

通过在图纸空间中创建多个视口,即可完成主视图、右视图、俯视图及轴侧图等多种视图的绘制,图形表达趋于完善。

注意:在创建多个浮动视口时,可先将原视口删除,再创建新视口,也可以先创建新视口,再删除原视口。

任务 2 创建和管理布局

AutoCAD 以布局来表达图纸空间,用于构造或设计图形以便进行打印。在布局中可以创建并放置视口,还可以添加标注、标题栏或其他几何图形。

可以在图形中创建多个布局,每一个布局都代表一张单独的打印输出图纸,可以包含不同的打印设置和图纸尺寸。创建新布局后就可以在布局中创建浮动视口。视口中的各个视图可以使用不同的打印比例,并能够控制视口中图层的可见性。

可以用"布局向导"命令创建新的布局,也可以用布局样板方式创建新的布局。

一、使用"布局向导"命令创建布局

使用"布局向导"命令可以指定打印设备,确定相应的图纸尺寸、图形的打印方向,选择布局中使用的标题栏或确定视口设置等。调用"布局向导"的方法如下。

(1)选择【插入】/【布局】/【布局向导】命令。

(2)选择【工具】/【向导】/【创建布局】命令。

(3)在命令行输入"LAYOUTWIZARD"。

执行该命令后,弹出如图 9-7 所示的【创建布局-开始】对话框,按下列步骤创建新布局。

(1)在【创建布局-开始】对话框中输入新布局的名称。

(2)单击【下一步(N)】按钮,打开如图 9-8 所示的【创建布局-打印机】对话框,从中选择当前配置的打印机。

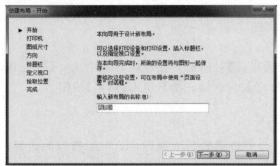

图 9-7 【创建布局-开始】对话框

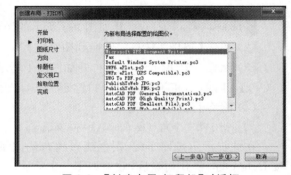

图 9-8 【创建布局-打印机】对话框

(3)单击【下一步(N)】按钮,打开如图 9-9 所示的【创建布局-图纸尺寸】对话框,从中设置图纸尺寸和所用单位。例如,工程图纸常用 A0～A4,可针对 A0～A4 图纸建立不同的布局,方便打印不同图幅大小的图纸。

(4)单击【下一步(N)】按钮,打开如图 9-10 所示的【创建布局-方向】对话框,可在此设置打印方向为横向或纵向。

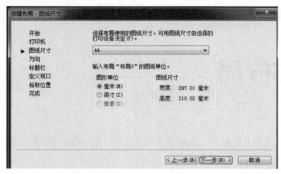

图 9-9 【创建布局-图纸尺寸】对话框

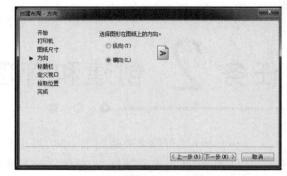

图 9-10 【创建布局-方向】对话框

(5)单击【下一步(N)】按钮,打开如图 9-11 所示的【创建布局-标题栏】对话框,可在其中设置边框和标题栏的样式。在右侧的预览框中会显示所选样式的预览图像。在【类型】选项组中,可以指定所选择的标题栏图形文件是作为【块(O)】还是作为【外部参照(X)】插入到当前图形中。

（6）单击【下一步(N)】按钮,打开如图9-12所示的【创建布局-定义视口】对话框,可用于确定新建布局默认视口的设置和比例等。

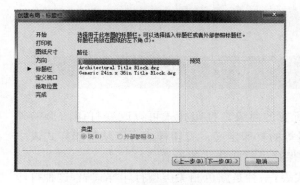 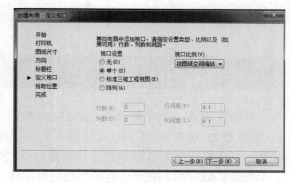

图 9-11 【创建布局-标题栏】对话框 　　　　 图 9-12 【创建布局-定义视口】对话框

（7）单击【下一步(N)】按钮,打开如图9-13所示的【创建布局-拾取位置】对话框,接下来显示视口位置对话框。通过单击【选择位置(L)】按钮,可以回到绘图窗口,指定视口的大小和位置。

（8）单击【下一步(N)】按钮,打开如图9-14所示的【创建布局-完成】对话框,单击【完成】按钮完成新布局及默认视口的创建。

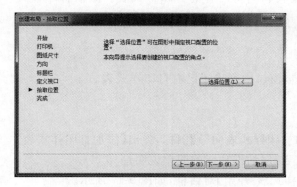 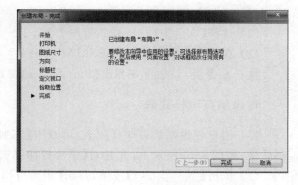

图 9-13 【创建布局-拾取位置】对话框 　　　 图 9-14 【创建布局-完成】对话框

二、管理布局

右击【布局】标签,在弹出的快捷菜单中,可以选择相应的命令,对布局进行删除、新建、重命名、移动和复制等操作。其右键快捷菜单如图9-15所示。

要修改页面布局,可从快捷菜单中选择【页面设置管理器(G)…】命令,打开【页面设置管理器】对话框来进行设置。通过修改布局的页面设置,可将图形按不同比例打印到不同尺寸的图纸中。

图 9-15 布局的右键快捷菜单

任务 3 应用图纸打印功能

一、打印样式管理器

打印样式是一个对象特性，能按层分配给所有的对象。打印样式可以改变打印图形的外观，包括颜色、线型、线宽、封口、直线填充和淡显等的打印定义。打印样式可以从打印样式表中获取。打印样式表可以附加在布局和视口中，它保存了打印样式的设置。

AutoCAD 2016 中存在两种类型的打印样式表：一种是颜色相关类型打印样式表，这种打印样式表决定了彩色图形是如何打印的，其中包含了 255 种颜色的列表，每种颜色都分配了打印特性，这种打印样式表的扩展名为.CTB，保存在【Plot Style】文件夹中；另一种是命名类型打印样式表，在表中每种样式都有名称，每种样式都具有打印特性，命名的打印样式可以分配给图层和对象，命名打印样式表的扩展名为.STB，保存在【Plot Style】文件夹中。

如果想打印黑白图形，可以使用 AutoCAD 提供的用于黑白打印的打印样式表 monochrome.stb。

利用打印样式管理器可以创建新的打印样式表和编辑已有的打印样式表。激活打印样式管理器的方法如下。

（1）选择【文件】/【打印样式管理器】命令。

（2）在命令行输入"STYLESMANAGER"。

执行命令后，系数首先弹出【Plot Styles】窗口，窗口内列出了已有打印样式表。

1. 添加打印样式表

（1）用户若想添加打印样式表，可双击【添加打印样式表向导】图标，弹出【添加打印样式表】对话框，如图 9-16 所示，首先是对【添加打印样式表】对话框功能的简单说明。

（2）单击【下一步(N)】按钮，弹出【添加打印样式表-开始】对话框，如图 9-17 所示。

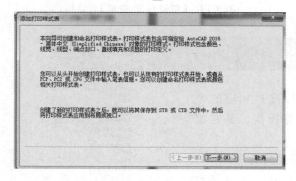

图 9-16 【添加打印样式表】对话框

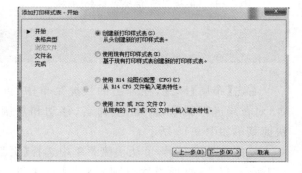

图 9-17 【添加打印样式表-开始】对话框

该对话框中有四个单选框：【创建新打印样式表(S)】可从头创建新的打印样式；【使用现有

打印样式表（E）】可基于现有打印样式表创建新的样式表；【使用 R14 绘制仪配置（CFG）（C）】可从 R14 CFG 文件输入笔表特性；【使用 PCP 或 PC2 文件（P）】可从现有的 PCP 或 PC2 文件中输入笔表特性。用户可以从中选择如何创建打印样式。

（3）若要创建新的打印样式表，选择【创建新打印样式表（S）】后，单击【下一步（N）】按钮，弹出【添加打印样式表-选择打印样式表】对话框，如图 9-18 所示。用户可在此对话框中选择要创建样式表的类型是颜色相关打印样式表，还是命名打印样式表。

（4）若选择【颜色相关打印样式表（C）】后，单击【下一步（N）】按钮，弹出【添加打印样式表-文件名】对话框，如图 9-19 所示。在【文件名（F）】文本框中输入打印样式表的文件名，如输入【001】。

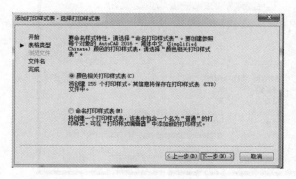

图 9-18 【添加打印样式表-选择打印样式表】对话框

图 9-19 【添加打印样式表-文件名】对话框

（5）单击【下一步（N）】按钮，弹出【添加打印样式表-完成】对话框，如图 9-20 所示。

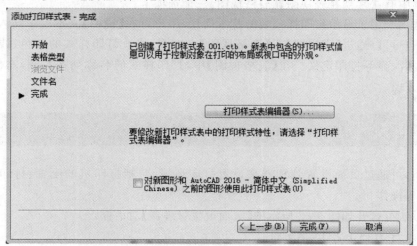

图 9-20 【添加打印样式表-完成】对话框

（6）在此对话框中，若用户单击"打印样式表编辑器"按钮，可编辑打印样式，如图 9-21 所示。单击【完成（F）】按钮，AutoCAD 在打印样式管理器窗口中添加新打印样式的图标，结束添加打印样式的操作。

在【添加打印样式表-开始】对话框中选择其他方式添加打印样式表的操作与上面的过程类似，但要选择相应的文件。

2.编辑打印样式表

若要编辑打印样式表,可在打印样式管理器窗口中双击该打印样式的图标,通过打印样式表编辑器进行编辑。例如,若想要编辑"123"打印样式表,则可以在打印样式管理器窗口中双击"123"图标,即可弹出相应的【打印样式表编辑器】对话框,如图 9-21 所示。

图 9-21 【打印样式表编辑器】对话框

图 9-22 【页面设置管理器】对话框

该对话框中有:【常规】【表视图】【表格视图】三个选项卡。

【常规】选项卡用于显示打印样式表的基本信息,用户可在【说明】文本框中输入对打印样式表的说明。用户可以通过【表视图】或【表格视图】来查看、修改打印样式的颜色、线型、线宽、封口、直线填充和淡显等打印定义。在【表格视图】中,打印样式的名称列在左侧,右侧为其特性,设置时直观、方便。

二、页面设置

在打印前,可通过页面设置管理器来设置打印环境,包括打印机的配置、打印样式表的确定、布局设置等操作。

用以下方法可打开如图 9-22 所示的【页面设置管理器】对话框。

- 在"布局"工具栏中点击 按钮。
- 选择【文件】/【页面设置管理器】命令。
- 在命令行输入"PAGESETUP"。

【页面设置管理器】对话框中各部分功能介绍如下。

(1)【当前页面设置】列表框:用于显示当前可选择的布局。

(2)【置为当前(S)】按钮:用于将选中的布局设置为当前布局。

(3)【新建(N)…】按钮:单击该按钮,可打开如图 9-23 所示的【新建页面设置】对话框,用于创建新的布局。

（4）【修改（M）…】按钮：用于修改选中的布局。单击该按钮将打开如图9-24所示的【页面设置】对话框。在该对话框中可以设置打印机/绘图仪、打印样式表、图纸尺寸、打印区域、打印偏移、打印比例、图形方向及其他打印选项。

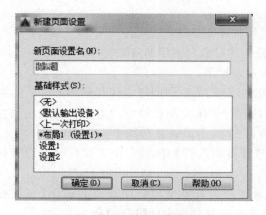

图 9-23　【新建页面设置】对话框

图 9-24　【页面设置】对话框

① 打印机/绘图仪。

用户可以通过【名称（M）】下拉列表选择所要使用的打印机或绘图仪。选择打印设备后，单击【特性（R）】按钮，则弹出【绘图仪配置编辑器】对话框，从中可以查看或修改当前打印机的配置信息。

② 打印样式表。

用户可通过【名称（M）】下拉列表选择所要使用的打印样式。选择一个打印样式后，单击"编辑"按钮，将弹出如图9-21所示的【打印样式表编辑器】对话框，用于查看或修改该打印样式。

③ 图纸尺寸。

用于确定图纸的尺寸大小。可通过【图纸尺寸（Z）】下拉列表选择确定。

④ 打印区域。

用于设置布局的打印区域。在【打印范围（W）】下拉列表框中，可以选择【布局】【窗口】【范围】或【显示】选项，以确定打印区域。如果文件中含多个图形，可选用【窗口】；如果文件中只有一个图形，可选用【显示】。

⑤ 打印偏移。

可以在【X】【Y】文本框中输入数值，确定打印图形相对于图纸左下角的偏移量，也可选择居中打印，则打印图形位于图纸的中间。若打印范围为【窗口】【范围】或【显示】选项，则【居中打印（C）】可选；而若打印范围为【布局】选项，则【居中打印（C）】不可选。

⑥ 打印比例。

用于设置打印比例。通过【比例（S）】下拉列表选择标准缩放比例，也可在下拉列表框中选择【自定义】后，在其下面的文本框中输入自定义比例值，确定图形输出的比例。布局空间的默认比例为【1∶1】，模型空间的默认比例为【按图纸空间缩放】。如果要按打印比例缩放线宽，可选中【缩放线宽（L）】复选框。若打印范围为【窗口】【范围】或【显示】选项，则【布满图纸（I）】选项可选。

⑦ 图形方向。

要确定图形在图纸上的方向，分别有【纵向（A）】和【横向（N）】两种形式，依绘图情况而定，一般选【横向(N)】。选中【上下颠倒打印(-)】复选框,还可以指定图形在图纸上倒置打印,相当于旋转180°打印。绘图仪使用卷筒打印纸,大部分绘图仪具有自动排版功能,可自动安排图形的方向,并将多张图纸排好后一起打印输出,比较省纸张。

⑧ 打印选项。

用于指定线宽、打印样式、着色打印和对象的打印次序等选项。

● 【打印对象线宽】:表示打印图形时按绘图时设置的对象和图层的线宽打印。

● 【按样式打印(E)】:表示按用户设置的打印样式表打印。

● 【最后打印图纸空间】:表示先打印模型空间几何图形,再打印图纸空间几何图形。

● 【隐藏图纸空间对象(J)】:表示将"消隐"操作应用于图纸空间视口中的对象。此选项仅在【布局】选项卡中可用。此设置的效果反映在打印预览中,而不反映在布局中。

(5)"输入"按钮:单击该按钮,可打开【从文件选择页面设置】对话框,用于选择已经设置好的布局设置。

(6)【预览(P)…】按钮:按图纸打印的方式显示图形。若要退出打印预览并返回【页面设置】对话框,可按 Esc 键,然后按 Enter 键;或右击并选择快捷菜单中的【退出】命令。

三、打印预览

打印前,可通过打印预览命令在屏幕上模拟图形的打印效果。调用打印预览命令的方法如下。

● 在"标准"工具栏中点击 按钮。

● 选择【文件】/【打印预览】命令。

● 在命令行输入"PREVIEW"。

执行 PREVIEW 命令时,AutoCAD 根据当前的打印设置模拟图形的打印效果,此时光标变成带"+"、"-"号的放大镜,可通过拖动方式放大或缩小预览图像,按 Esc 键或回车键,则结束预览,回到绘图状态。

四、打印

打印命令可将当前文件打印到打印设备或输出到文件。调用打印命令的方法如下。

● 在"标准"工具栏中点击 按钮。

● 选择【文件】/【打印】命令。

● 在命令行输入"PLOT"。

执行 PLOT 命令时,系统首先弹出【打印】对话框,如图 9-25 所示。对话框中大部分选项与【页面设置】对话框相同。下面介绍二者不同的内容。

在【页面设置】选项组的【名称(M)】下拉列表框中可以选择打印设置,并能够随时保存、命名和恢复【打印】和【页面设置】对话框中的所有设置。单击【添加】按钮,打开【添加页面设置】对话框,可从中添加新的页面设置。

在【打印机/绘图仪】选项组中,选中【打印到文件(F)】复选框,可以指示将选定的布局发送到打印文件,而不是发送到打印机。【打印份数(B)】文本框可用于设置每次打印图纸的份数。

在【打印选项】选项组中,选中【后台打印(K)】复选框,可以在后台打印图形;选中【将修改保存到布局(V)】复选框,可以将【打印】对话框中改变的设置保存到布局中;选中【打开打印戳记(N)】复选框,可以在每个输出图形的某个角落上显示绘图标记,以及生成日志文件,此时单击其后的"打印戳记设置"按钮 🖉,将打开【打印戳记】对话框,如图 9-26 所示,用于设置打印戳记字段,包括图形名称、布局名称、日期和时间、绘图比例、绘图设备及图纸尺寸等,还可以定义自己的字段。这些内容可以附着在图纸上,随图纸输出。

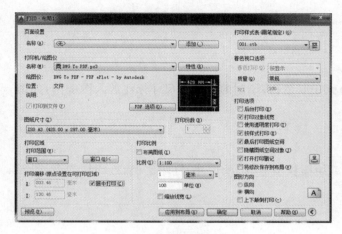

图 9-25 【打印】对话框

图 9-26 【打印戳记】对话框

【打印】对话框各项确定后,单击【确定】按钮,即可开始打印并动态显示绘图进度。如果图形打印时出现错误或要中断绘图,可按 Esc 键,AutoCAD 将结束打印操作。

任务 4 按比例打印图纸

通常我们在 AutoCAD 的模型空间中以原尺寸绘制建筑实物图形,即按 1∶1 的比例绘制图形,然后在模型空间或图纸空间中按照一定的缩小比例将绘制的图形打印在图纸(如 420 mm×297 mm 的 A3 图纸)上。常用的建筑平面图比例有:1∶100、1∶150、1∶200。在绘制图形和打印图形时,还应注意设置正确的图形界限、线型比例、尺寸标注样式中的比例、文字大小,也即这些注释性的图形元素。

以下通过对实例操作过程的讲解,介绍如何正确地按比例打印图纸。

一、在模型空间中打印图形

1. 设置尺寸标注样式 dim100

该样式用于标注 1∶100 的图。设尺寸文字高 3.5 或 2.5(这是打印出来所要求的大小,还

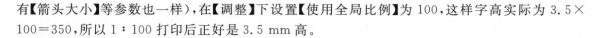

有【箭头大小】等参数也一样),在【调整】下设置【使用全局比例】为 100,这样字高实际为 3.5×100＝350,所以 1:100 打印后正好是 3.5 mm 高。

2. 绘图

按 1:1 以 mm 尺寸单位绘制完成图形。

3. 尺寸标注

以 dim100 为当前样式,标注图形。

4. 插入图框

将前面绘制完成的 A3 图框及标题放大 100 倍;将绘制的图形及尺寸标注放入图框内,如图 9-27 所示。

5. 进行页面设置

页面设置主要设置以下参数:打印机或绘图仪型号、图纸尺寸、打印比例、打印样式表、图形方向等,如图 9-28 所示。

6. 打印图形

打印出绘制图形。

二、在图纸空间中打印图形

(1) 设置尺寸标注样式 dim100。
(2) 绘图:按 1:1 以 mm 为尺寸单位绘制完成图形。
(3) 尺寸标注。
(4) 设置视口。
在图纸空间,图形的打印比例是由视口比例来确定的。创建 1 个视口,其比例为 1:100。具体步骤如下。
- 设置名为【视口】的图层,设置为不可打印。
- 可以创建矩形视口(使用"单个视口"命令)。
- 一个视口内包含模型空间的全部图形。双击视口内任一点,缩放操作使需要打印的图形在视口内显示。
- 选择视口后,可以在"视口"工具栏设置视口比例,这是视口内图形的打印比例。
- 选择视口后,右击鼠标,在弹出的快捷菜单中选择【视口显示锁定】。
(5) 页面设置
点击【布局 1】弹出页面设置对话框。如果没有弹出(也许已有视口布置,将其删除),右击【布局 1】,在快捷菜单中选择【页面设置】,点击【修改】,这时会弹出【页面设置】对话框。设置各项内容,如图 9-29 所示。

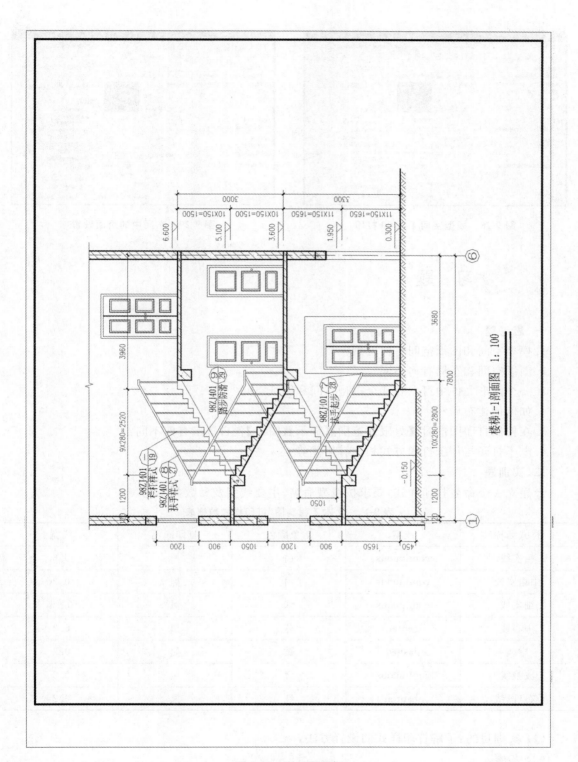

图 9-27　图形和图框

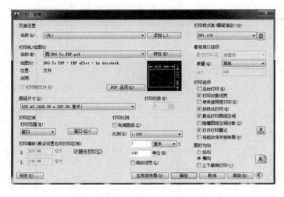

图 9-28　模型空间 1：100 打印　　　　　　　图 9-29　布局中的页面设置

 习　题

一、思考题

1.模型空间和图纸空间有何区别？

2.图纸空间和布局有何不同？

3.一个图形文件中可以有几个模型空间和图纸空间？

4.如何创建布局？

5.在控制打印图形时，【界限】【范围】【显示】【窗口】各自范围有何不同？

6.电子打印与传统打印方式相比有何优势？

二、实训题

1.建立一个命名打印样式，要求按线型命名，主要线型及参数关系见表 9-1。

表 9-1　"土木工程制图"打印样式数据表

样式名称	线型	对象颜色	打印颜色	线宽
粗实线	continuous	白	黑	0.6
中粗实线	continuous	白	黑	0.3
细实线	continuous	绿	黑	0.15
中心线	center	蓝	黑	0.2
虚线	dashed	黄	黑	0.2
波浪线	continuous	青	黑	0.2
双点画线	phantom	红	黑	0.2

（1）实训目的：了解打印样式的设置方法。

（2）步骤。

① 打开【打印样式管理器】，具体方法如下。

● 选择【文件】/【打印样式管理器】命令。

● 在命令行中输入"PSTYLEMANAGER"。

② 打开【添加打印样式表向导】。

在【打印样式管理器】中,双击"添加打印样式表向导"图标。

③ 在【添加打印样式表-开始】对话框中,选择【创建新打印样式表(S)】。

④ 在【添加打印样式表-选择打印样式表】对话框中选择【命名打印样式表(M)】项。

⑤ 输入文件名【土木工程制图】。

⑥ 点击【打印样式表编辑器(S)…】按钮。

⑦ 选择【表格视图】选项卡。

⑧ 点击【添加样式(A)】按钮。

⑨ 输入打印样式名【粗实线】,点击【确定】按钮。在【特性】选项组中进行如下设置:【颜色(S)】选择黑色;【抖动(D)】选择【关】;【线宽(N)】选择【0.6】。

⑩ 重复步骤⑨,把【线宽(W)】改为【0.3】,建立【中粗实线】;将【线(N)】宽改为【0.15】,建立【细实线】;将【线宽(W)】改为【0.2】,依次建立【中心线】【虚线】【双点划线】【波浪线】的打印样式名。

⑪ 点击【保存并关闭】按钮,退出打印样式编辑工作。

2.选取自绘的任意一个 AutoCAD 图形文件,以【我的图形】为文件名,并以电子打印的方式打印到【C:\】目录下。要求图纸大小为 210 mm×297 mm。

实训目的:掌握图纸打印与电子打印步骤,了解打印的有关设置方法。

3.绘制土木工程制图,并用适当的比例在 A3 纸上打印输出。

10

三维图形制作与编辑

教学目标

通过本章的学习，掌握三维基本体的创建方法、拉伸实体和旋转实体的绘制方法，以及将三者结合起来绘制比较复杂的三维实体的方法。

教学重点与难点

（1）绘制三维基本实体。

（2）绘制拉伸实体。

（3）绘制旋转实体。

　　线框模型是用三维对象边框的点、线、曲线对三维对象的轮廓进行描述,它没有面和体的特征。利用 AutoCAD,用户可以在三维空间中用二维绘图的方法建立线框模型,但构成三维线框模型的每一个对象都必须单独用二维绘图方法绘制。而且,对线框模型不能进行消隐、渲染等三维操作,它是最低级的三维模型。

　　表面模型定义三维对象的边界和表面,即表面模型具有面的特征。AutoCAD 的表面模型是用多边形网格(mesh)定义表面中的各小表面,这些小表面组合起来可以近似构成曲面。

　　三维实体模型 Solids 具有体的特征,用户可以像处理实际物体一样,对它进行挖孔、挖槽、倒角以及布尔运算等操作。

　　三维实体是最方便的三维模型,它具有实体的特征,表示整个对象的体积。在三维模型类型中,实体的信息最完整,并且非常容易构造和编辑。形成实体后用户还可以进行挖孔、切槽、倒角以及布尔运算等操作。

任务 1　三维绘图辅助知识

一、WCS 与 UCS

　　在二维绘图中,我们一直使用的是世界坐标系(word coordinate system,简称 WCS)。世界坐标系是固定的,不能在 AutoCAD 中改变。这个系统中的点由唯一的(X,Y,Z)坐标确定,这对于二维绘图已经是足够了。

　　在绘三维立体图时,实体上的各个点都可能有互相不同的(X,Y,Z)坐标值,这时仍使用 WCS 或某一固定的坐标系会给实体图形带来极大的不便。例如,要在坡面屋顶加上一个天窗,使用 WCS 描述起来就比较困难。但如果我们在屋顶上定义一个坐标系,则一个三维问题就变成了一个较为简单的二维问题了,在实际绘制立体图形时,类似问题是常见的。

　　因此,为了使用户方便地在三维空间中绘图,AutoCAD 允许用户建立自己专用的坐标系,即用户坐标系(user coordinate system,简称 UCS)。

　　利用 AutoCAD 的 UCS 功能,用户就可以很容易地绘制出三维立体图。WCS 与 UCS 的工作方法是一样的。所不同的是,当坐标系改变后,其中的"口"字符消失。所以绘图时,可以通过观察坐标图中有无"口"字符来判断当前工作的坐标系是 WCS 还是 UCS。

二、用户坐标系(UCS)的设置

1. 建立用户坐标系

用户坐标系(UCS)的建立通过执行 UCS 命令来完成的,其执行过程如下。

在命令行输入 UCS 并按回车键,出现如下的提示信息。

> 指定 UCS 的原点或[面(F)/命名(NA)/对象(OB)/上一个(P)/视图(V)/世界(W)/X/Y/Z 轴(ZA)]< 世界 > :

这时要求用户输入选项,各选项的含义详细介绍如下。

(1) 指定 UCS 原点。使用一点、两点或三点定义一个新的 UCS,如果指定单个点,当前 UCS 的原点将会移动而不会更改 X 轴、Y 轴和 Z 轴的方向。如果指定第二点,UCS 将绕先前指定的原点旋转,以使 UCS 的 X 轴正半轴通过该点。如果指定第三点,UCS 将绕 X 轴旋转,以使 UCS 的 X 轴正半轴包含该点。

(2) 面(F)。将 UCS 与三维实体的选定面对齐。要选择一个面,可在此面的边界内或面的边上单击,被选中的面将亮显,UCS 的 X 轴将与找到的第一个面上的最近的边对齐。

选择该选项,命令行提示如下。

> 选择实体对象的面:
> 输入选项[下一个(N)/X 轴反向(X)/Y 轴反向(Y)]< 接受 > :
> [下一个(N)]:   //将 UCS 定位于邻接的面或选定边的后向面。
> [X 轴反向(X)]:   //将 UCS 绕 X 轴旋转 180°
> [Y 轴反向(X)]:   //将 UCS 绕 Y 轴旋转 180°
> < 接受 > :   //如果按回车键,则接受该位置。否则将重复出现提示,直到接受位置为止

(3) 命名[NA]。按名称保存并恢复通常使用的 UCS 方向。选择该选项,则命令行中将出现如下的提示。

> 输入选项[恢复(R)/保存(S)/删除(D)/?]

下面分别介绍各个选项。

① 恢复(R):恢复已保存的 UCS,使它成为当前 UCS,此时命令行提示如下。

> 输入要恢复的 UCS 名称或[?]:   //输入名称或输入"?"

● 名称:指定一个已命名的 UCS。

● [?]:列出当前已定义的 UCS 的名称,此时命令行提示如下。

> 输入要列出的 UCS 名称< * >:   //列出名称列表或按回车键列出所有 UCS

② 保存(S):把当前 UCS 按指定名称保存。名称最多可以包含 255 个字符,包括字母、数、空格和微软系统及本程序未作他用的特殊字符,此时命令行提示如下。

> 输入保存当前 UCS 的名称或"?":   //输入名称或输入"?"

③ 删除(D):从已保存的用户坐标系列表中删除指定的 UCS,此时命令行提示如下。

> 输入要删除的 UCS 名称〈无〉:   //输入名称列表

④ ?:列出用户定义坐标系的名称,并列出每个保存的 UCS 相对于当前 UCS 的原点以及 X 轴、Y 轴和 Z 轴。如果当前 UCS 尚未命名,它将列为 WORLD 或 UNNAMED,这取决于它是否与 WCS 相同。其命令行提示如下。

> 输入要列出的 UCS 名称〈 * 〉:   //输入一个名称列表

(4) 对象(OB)。根据选定三维对象定义新的坐标系。新建 UCS 的拉伸方向(Z 轴正方向)与选定对象的拉伸方向相同。选择该选项,命令行提示如下。

> 选择对齐 UCS 对象:

(5) 上一个(P)。恢复上一个 UCS。

(6) 视图(V)。将垂直于观察方向(平行于屏幕)的平面作为 XY 平面,用于建立新的坐标

系,UCS 原点保持不变。

（7）世界（W）。将当前用户坐标系设置为世界坐标系。WCS 是所有用户坐标系的基准,不能被重新定义。

（8）X/Y/Z。绕指定轴旋转当前 UCS。选择该选项,命令行提示如下。

> 指定绕 n 轴的旋转角度〈0〉：　　　　　　//指定角度

在提示中,n 代表 X、Y 或 Z 正半轴所定义 UCS。选择该选项,命令行提示如下。

> 指定新原点或[对象（O）]〈0,0,0〉：　　　//指定点或输入 O
> 在正 Z 轴范围上指定点〈当前〉：//指定点

通过以上操作指定新原点和位于新建 Z 轴正半轴上的点。【Z轴】选项使 XY 平面倾斜。输入【O】将 Z 轴与离选定对象最近的端点的切线方向对齐,Z 轴下半轴指向背离对角的方向。命令行提示如下。

> 选择对象：　　　　　　　　　//选择一端开口的对象

三、视点的设置

在前面的章节中,所进行的绘图工作都是在 XY 平面中进行的,绘图的视点不需要改变。但在绘制三维立体图形时,一个视点往往不能满足观察图形各个部位的需要,用户需要经常变换视点,从不同的角度来观察三维物体。

1. 用 Vpoint 命令选择视点

Vpoint 命令为用户提供了通过命令方式操作选择视点的方式。在命令行下输入 Vpoint 并按回车键即可启动该命令。启动 Vpoint 命令后,命令行出现如下提示。

> 当前视图方向：VIEWDIR= 0.0000,0.0000,1.0000
> 指定视点或[旋转（R）]〈显示坐标球和三轴架〉：

其中,各选项的含义介绍如下。

● 旋转（R）：根据角度确定视点,执行该选项命令行提示如下。

> 输入 XY 平面中与 X 轴的夹角〈默认值〉：　　//输入新视点在 XY 平面内的投影与 X 轴正方向的夹角
> 输入与 XY 平面的夹角〈默认值〉：　　　　　//要求输入所选择视点的方向与 XY 平面的夹角

● 指定视点：通过直接输入视点的绝对坐标值（X,Y,Z）来确定视点的位置。

2. 罗盘确定视点

如果执行 Vpoint 命令后,在【指定视点或[旋转（R）]＜显示坐标球和三轴架＞：】提示下不输入任何选项而直接按回车键,则在屏幕上会出现罗盘图形,同时罗盘的旁边还有一个可拖动的坐标轴,利用它可以直接地设置新的视点。

罗盘相当于一个球体的俯视图,其中的小十字光标便代表视点的位置,光标在小圆环内表示视点位于 Z 轴正方向一侧,当光标落在内外圆环之间时,说明视点位于 Z 轴的负方向一侧,点取光标便可设置视点。

3. 对话框选择视点

除使用命令 Vpoint 和罗盘设置视点外,可以使用 Ddvpoint 命令,用对话框设置方式,来选择设置新的视点。

在命令行中输入"Ddvpoint"(简称命令 VP)并按回车键。启动该命令后,屏幕上弹出【视点预设】对话框。

利用该对话框可以方便地进行视点选择,对话框中各部分的含义介绍如下。

- ●【绝对于 WCS(W)】单选按钮:确定是否使用绝对坐标系。
- ●【绝对于 UCS(U)】单选按钮:确定是否使用用户坐标系。
- ●【自:X 轴(A)】文本框:在该文本框中可以确定新的视点方向在 XY 平面内的投影与 X 正方向的夹角。
- ●【自:XY 平面(P)】文本框:在该文本框中用户可以输入新的视点方向与 XY 平面的夹角。
- ●【设置为平面视图(V)】按钮:单击该按钮,可以返回到 AutoCAD 初始视点状态,即俯视图状态。

4. 利用工具条或下拉菜单设置新视点

设置新的视点,除了利用上述三种方法之外,用户还可以直接调用工具栏或使用下拉菜单快速选择一些特殊的视点。

任务 2 三维建模

绘制三维实体之前,首先要进入三维建模的窗口。单击【工作空间】的下拉按钮选中【三维建模】,就可出现界面窗口。

三维建模工作空间的右侧面板排列了有关的三维实体的操作命令,便于用户在绘图过程中使用这些命令。

三维建模工作空间中的绘图区域可以显示渐变背景色、地平面或工作平面(UCS 的 XY 平面)以及新的矩形栅格。这将增强三维效果和三维模型的构造。

新的三维光标还提供了动态 UCS 方向的指示,用户可以容易地识别 X、Y、Z 三个方向。

模型选项卡和布局选项卡已被状态栏上的按钮替换,这些按钮可以在绘图区域中提供更多空间,但是,如果用户愿意使用选项卡,可以通过在下方状态栏上的模型按钮或布局按钮上右击来轻松切换。

三维实体造型的方法有以下三种。

(1) 利用 AutoCAD 2016 提供的基本实体(如长方体、圆锥体、圆柱体、球体、圆环体和楔体)创建简单实体。

(2) 沿路径将二维对象拉伸,或者将二维对象绕轴旋转。

(3) 将利用前两种方法创建的实体进行布尔运算(交、并、差),生成更复杂的实体。

三维实体的显示形式有三维线框、二维线框、三维隐藏、真实和概念五种。本学习情境中立体的显示形式是"真实"。

任务 3 创建基本实体

利用三维建模工作空间提供的建模命令可以创建简单的三维实体。

一、创建长方体

1. 执行途径

（1）在【建模】工具栏中点击【长方体】按钮。

（2）选择【绘图】/【建模】/【长方体】命令。

（3）在命令行中输入"BOX"。

2. 操作说明

长方体由底面（即两个角点）和高度定义，长方体的底面与当前 UCS 的 XY 平面平行，创建长方体的步骤如下。

（1）在【建模】工具栏中单击【长方体】按钮，命令行提示如下。

指定长方体的角点或［中心点（CE）］< 0,0,0＞：

（2）指定底面另一角点的位置。

（3）指定高度，即可生成长方体，如图 10-1 所示。

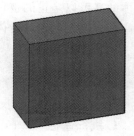

图 10-1　长方体

二、创建圆柱体

1. 执行途径

（1）在【建模】工具栏中点击【圆柱体】按钮。

（2）选择【绘图】/【建模】/【圆柱体】命令。

（3）在命令行中输入"CYLINDER"。

2. 操作说明

以圆或椭圆作为底面创建圆柱体或椭圆柱体，圆柱的底面位于当前 UCS 的 XY 平面上。创建圆柱体的步骤如下。

（1）在【建模】工具栏中单击【圆柱体】按钮，命令行提示如下。

图 10-2　圆柱体

指定圆柱体底圆的中心点或［椭圆（E）］< 0,0,0＞：

（2）指定圆柱体底圆的中心点。

（3）指定圆柱体的底圆半径或直径。

（4）指定圆柱体的高，即可生成圆柱，如图 10-2 所示。

（5）若输入 E，则绘制椭圆柱。

三、创建圆锥体

1. 执行途径

（1）在【建模】工具栏中点击【圆锥体】按钮。

（2）选择【绘图】/【建模】/【圆锥体】命令。

（3）在命令行中输入"CONE"。

2. 操作说明

圆锥体由圆或椭圆底面以及垂足在其底面上的锥顶点定义。如图 10-3 所示，默认情况下，圆锥体的底面位于当前 UCS 的 XY 平面上。圆锥体的高可以是正的也可以是负的，且平行于 Z 轴，顶点决定了圆锥体的高和方向。创建圆锥体的步骤与圆柱体类似。

图 10-3　圆锥体

四、创建球体

1. 执行途径

（1）在【建模】工具栏中点击【球体】按钮。

（2）选择【绘图】/【建模】/【球体】命令。

（3）在命令行中输入"SPHERE"。

2. 操作说明

球体由中心点和半径或直径定义，如图 10-4 所示。球体的纬线平行于 XY 平面，中心轴与当前 UCS 的 Z 轴方向一致。创建球体的步骤如下。

（1）在【建模】工具栏中单击【球体】按钮。

（2）指定球的中心点。

（3）指定球的半径或直径，即可生成球体。

图 10-4　球体

五、创建圆环体

1. 执行途径

（1）在【建模】工具栏中点击【圆环体】按钮。

（2）选择【绘图】/【建模】/【圆环体】命令。

（3）在命令行中输入"TORUS"。

2. 操作说明

圆环体由两个半径值定义，如图 10-5 所示。一个是圆管的半径，另一个是从圆管体中心到圆管中心的距离即圆环体的半径。如果圆环体半径大于圆管半径，形成的圆环体中间是空的；如果圆管半径大于圆环体半径，结果就像一个两极凹陷的球体。创建圆环体的步骤如下。

图 10-5　圆环体

（1）在【建模】工具栏中单击【圆环体】按钮。

（2）指定圆环体的中心。

（3）指定圆环体的半径或直径。

（4）指定圆周管的半径或直径，即可生成圆环体。

六、创建楔体

1. 执行途径

（1）在【建模】工具栏中点击【楔体】按钮。

（2）选择【绘图】/【建模】/【楔体】命令。

（3）在命令行中输入"WEDGE"。

2. 操作说明

楔体形式如图 10-6 所示，楔形的底面平行于当前 UCS 的 XY 平面，其倾斜正对第一个角。它的高可以是正数，也可以是负数，并与 Z 轴平行。创建楔体的步骤如下。

图 10-6　楔体

（1）在【建模】工具栏中单击【楔体】按钮。

（2）指定底面第一个角点的位置。

（3）指定底面的相对角点的位置。

（4）指定楔体的高度，即可生成楔体。

七、创建多段体

1. 执行途径

（1）在【建模】工具栏中点击【多段体】按钮。

（2）选择【绘图】/【建模】/【多段体】命令。

（3）在命令行中输入"POLYSOLID"。

2. 操作说明

多段体形状如图 10-7 所示。多段体的底面平行于当前的 UCS 的 XY 平面,它的高可以是正数,也可是负数,并与 Z 轴平行,默认情况下,多段体始终具有矩形截面轮廓。创建多段体的步骤如下。

（1）在【建模】工具栏中单击【多段体】按钮。

（2）指定底面第一角的位置。

（3）依次指定底面下若干个角点的位置。

（4）在指定底面第一个角点的位置之前,先画出直线、二维线段、圆弧线或圆作为对象创建多段体,多段体是沿指定路径使用指定轮廓绘制的实体。

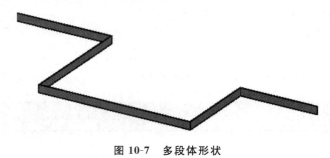

图 10-7　多段体形状

任务 4　创建三维表面对象

一、旋转曲面命令

借助于旋转曲面命令的操作,可以生成三维回转曲面形体,在执行旋转曲面命令操作前,必须事先建立旋转轴和旋转轮廓线。

（1）功能:创建三维旋转曲面。

（2）名称:Revsurf（或菜单命令）。

（3）操作步骤。

```
命令:Revsurf↙
当前线框密度:SURFTAB1= 6  SURFTAB2= 6
选择要旋转的对象:                          //旋转实体对象
选择定义旋转轴的对象:                      //旋转轴对象
指定起点角度< 0> :                          //起点角度值
指定包含角(+ = 逆时针,- = 顺时针)< 360> :   //旋转范围角度
```

（4）操作选项说明。

通常情况下,旋转轮廓对象为多段线,旋转轴对象为直线。

● 控制变量 SURFTAB1：用于控制与旋转轴平行的线框密度。

> 命令：SURFTAB1↙
>
> 输入 SURFTAB1 的新值<6>：   //数值

● 控制变量 SURFTAB2：用于控制与旋转轴垂直的线框密度。

> 命令：SURFTAB2↙
>
> 输入 SURFTAB2 的新值<6>：   //数值

例 10.1　在旋转轴线、旋转轮廓线基本绘制的基础上，利用旋转曲面命令，完成三维回转曲面形体的计算机绘制。命令行操作如下。

> 命令：PLINE ↙
>
> 指定第一点：   //端点 1(轴线)
>
> 指定下一点或[放弃(U)]：   //端点 2
>
> 指定下一点或[放弃(U)]：A
>
> 指定下一点：   //起点(轮廓线)
>
> 当前线宽为 0.0000
>
> 指定下一点或[圆弧(A)/闭合(C)/半宽(H)/长度(L)/放弃(U)/宽度(W)]：3
>
> 指定下一点或[圆弧(A)/闭合(C)/半宽(H)/长度(L)/放弃(U)/宽度(W)]：L
>
> 指定下一点或[圆弧(A)/闭合(C)/半宽(H)/长度(L)/放弃(U)/宽度(W)]：   //端点 4
>
> 指定下一点或[圆弧(A)/闭合(C)/半宽(H)/长度(L)/放弃(U)/宽度(W)]：   //端点 5
>
> 指定下一点或[圆弧(A)/闭合(C)/半宽(H)/长度(L)/放弃(U)/宽度(W)]：   //端点 6
>
> 命令：LINE ↙   //绘制对称轴
>
> 命令：SURFTAB1↙
>
> 输入 SURFTAB1 的新值< 6>：30
>
> 命令：SURFTAB2↙
>
> 输入 SURFTAB2 的新值< 6>：30
>
> 命令：REVSURF↙
>
> 当前线框密度：SURFTAB1= 30   SURFTAB2= 30
>
> 选择要旋转的对象：   //旋转轮廓线
>
> 选择定义旋转轴的对象：   //旋转轴线
>
> 指定起点角度< 0>：0
>
> 指定包含角(+ = 逆时针,- = 顺时针)< 360>：360

命令操作的绘图效果如图 10-8 所示。

二、平移曲面命令

借助于平移曲面命令的操作，可以生成三维平移曲面形体，在执行平移曲面命令操作前，必须事先建立平移方向矢量和平移轮廓线。

（1）功能：创建三维平移曲面。

（2）名称：Tabsurf。

（3）操作步骤。

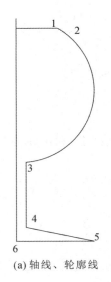
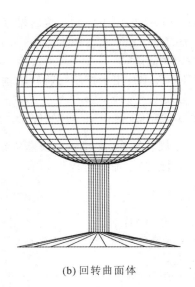

(a) 轴线、轮廓线　　　　　　　　(b) 回转曲面体

图 10-8　旋转曲面命令操作示例

```
命令:Tabsurf↙
选择用作轮廓曲线的对象:        //轮廓线实体对象
选择用作方向矢量的对象:        //方向矢量对象
```

（4）操作选项说明。

通常情况下，轮廓线对象为多段线，方向矢量对象为直线，线框密度的控制操作与旋转曲面命令的操作类似。

例 10.2　　在平移方向矢量、平移轮廓线基本绘制的基础上，利用平移曲面命令，完成三维平移曲面形体的计算机绘制。命令行操作如下。

```
命令:LINE↙
指定第一点:                                          //端点 1(平移方向矢量)
指定下一点或[放弃(U)]:                               //端点 2
指定下一点或[放弃(U)]:

命令:PLINE↙
指定起点:                                            //起点(轮廓线)
当前线宽为 0.0000
指定下一个点或[圆弧(A)/半宽(H)/长度(L)/放弃(U)/宽度(W)]:    //通过点
……
指定下一个点或[圆弧(A)/半宽(H)/长度(L)/放弃(U)/宽度(W)]:    //通过点
指定下一点或[圆弧(A)/闭合(C)/半宽(H)/长度(L)/放弃(U)/宽度(W)]: //终点
指定下一点或[圆弧(A)/闭合(C)/半宽(H)/长度(L)/放弃(U)/宽度(W)]:

命令:SURFTAB1↙
输入 SURFTAB1 的新值< 6> :30
命令:TABSURF↙
选择用作轮廓曲线的对象:                              //平移轮廓线
选择用作方向矢量的对象:                              //平移方向矢量
```

命令操作的绘图效果如图 10-9 所示。

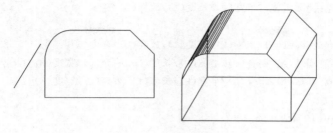

(a) 方向矢量、轮廓线　　　(b) 平移曲面形体

图 10-9　平移曲面命令操作示例

三、直纹曲面命令

借助于直纹曲面命令的操作,可以生成三维直纹曲面形体,在执行直纹曲面命令操作前,必须事先建立三维直纹曲面形体的两个边界线。

(1) 功能:创建三维直纹曲面。

(2) 名称:Rulesurf。

(3) 操作步骤。

```
命令:Rulesurf↙
当前线框密度:SURFTAB1= 6
选择第一条定义曲线:         //第一条定义曲线对象
选择第二条定义曲线:         //第二条定义曲线对象
```

(4) 操作选项说明。

通常情况下,边界线对象为多段线,并且闭合与打开的路径类同。

控制变量 SURFTAB1:用于控制三维直纹曲面的线框密度。

```
命令:SURFTAB1↙
    输入 SURFTAB1 的新值< 6> :       //数值
```

例 10.3　　在两条边界线对象基本绘制的基础上,利用直纹曲面命令,完成三维直纹曲面形体的计算机绘制。命令行操作如下。

```
命令:PLINE↙
指定起点:                                          //起点(边界线对象 1)
当前线宽为 0.0000
指定下一个点或[圆弧(A)/半宽(H)/长度(L)/放弃(U)/宽度(W)]:    //通过点
……
指定下一个点或[圆弧(A)/半宽(H)/长度(L)/放弃(U)/宽度(W)]:    //通过点
指定下一点或[圆弧(A)/闭合(C)/半宽(H)/长度(L)/放弃(U)/宽度(W)]: //终点
指定下一点或[圆弧(A)/闭合(C)/半宽(H)/长度(L)/放弃(U)/宽度(W)]:
命令:PLINE↙
指定起点:                                          //起点(边界线对象 2)
当前线宽为 0.0000
```

指定下一个点或[圆弧(A)/半宽(H)/长度(L)/放弃(U)/宽度(W)]:　　　　//通过点

......

指定下一个点或[圆弧(A)/半宽(H)/长度(L)/放弃(U)/宽度(W)]:　　　　//通过点

指定下一点或[圆弧(A)/闭合(C)/半宽(H)/长度(L)/放弃(U)/宽度(W)]:　//终点

指定下一点或[圆弧(A)/闭合(C)/半宽(H)/长度(L)/放弃(U)/宽度(W)]:

命令:SURFTAB1↙

输入 SURFTAB1 的新值< 6> :30

命令:RULESURF↙

当前线框密度:SURFTAB1= 30

选择第一条定义曲线:　　　　　　　　　　　　　　　　　　//边界线对象1

选择第二条定义曲线:　　　　　　　　　　　　　　　　　　//边界线对象2

命令操作的绘图效果如图 10-10 所示。

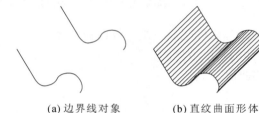

(a) 边界线对象　　　　　　　(b) 直纹曲面形体

图 10-10　直纹曲面命令操作示例

四、边界曲面命令

借助于边界曲面命令的操作,可以生成三维边界曲面形体,在执行边界曲面命令操作前,必须事先建立四条用作曲面边界线对象的线。

(1)功能:创建三维边界曲面。

(2)名称:Edgesurf。

(3)操作步骤。

命令:Edgesurf↙

当前线框密度:SURFTAB1= 6　SURFTAB2= 6

选择用作曲面边界的对象 1:　　　//用作曲面边界线对象1

选择用作曲面边界的对象 2:　　　//用作曲面边界线对象2

选择用作曲面边界的对象 3:　　　//用作曲面边界线对象3

选择用作曲面边界的对象 4:　　　//用作曲面边界线对象4

(4)操作选项说明。

通常情况下,用作曲面边界 4 个对象的边界必须形成相互间的接触。

控制变量 SURFTAB1、SURFTAB2:用于控制三维边界曲面的线框密度。

其操作方式可以参见旋转曲面命令。

例 10.4　　在四条用作曲面边界线对象基本绘制的基础上,利用边界曲面命令,完成三维边界曲面形体的计算机绘制。命令行操作如下。

```
命令:LINE↙
指定第一点:                                    //端点 1(边界线对象 1)
指定下一点或[放弃(U)]:                          //端点 2
指定下一点或[放弃(U)]:
命令:PLINE↙
指定起点:                                      //边界线对象 1 的端点 2(边界线对象 2 起点)
当前线宽为 0.0000
指定下一个点或[圆弧(A)/半宽(H)/长度(L)/放弃(U)/宽度(W)]:
                                              //通过点
……
指定下一个点或[圆弧(A)/半宽(H)/长度(L)/放弃(U)/宽度(W)]:
                                              //通过点
指定下一点或[圆弧(A)/闭合(C)/半宽(H)/长度(L)/放弃(U)/宽度(W)]:
                                              //终点
指定下一点或[圆弧(A)/闭合(C)/半宽(H)/长度(L)/放弃(U)/宽度(W)]:
命令:LINE↙
指定第一点:                                    //边界线对象 2 终点(边界线对象 3 端点 1)
指定下一点或[放弃(U)]:                          //端点 2
指定下一点或[放弃(U)]:
命令:ARC↙
指定圆弧的起点或[圆心(C)]:                       //边界线对象 3 端点 2(边界线对象 4 起点)
指定圆弧的第二个点或[圆心(C)/端点(E)]:            //通过点
指定圆弧的端点:                                 //边界线对象 1 的端点 1(边界线对象 4 端点)
命令:SURFTAB1↙
输入 SURFTAB1 的新值< 6> :10
命令:SURFTAB2↙
输入 SURFTAB2 的新值< 6> :20
命令:EDGESURF↙
当前线框密度:SURFTAB1= 10  SURFTAB2= 20
选择用作曲面边界的对象 1:                        //边界线对象 1
选择用作曲面边界的对象 2:                        //边界线对象 2
选择用作曲面边界的对象 3:                        //边界线对象 3
选择用作曲面边界的对象 4:                        //边界线对象 4
```

命令操作的绘图效果如图 10-11 所示。

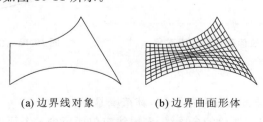

(a)边界线对象   (b)边界曲面形体

图 10-11 边界曲面命令操作示例

任务 5 创建拉伸实体

创建拉伸实体就是二维的闭合对象（如多线段、多边形、矩形、圆、椭圆、闭合的样条曲线和圆环）拉伸成三维对象。在拉伸过程中，不但可以指定拉伸的高度，还可以使实体的截面拉伸方向产生变化。另外，还可以将一些二维对象沿指定的路径拉伸，路径可以是圆、椭圆的，也可以由圆弧、椭圆弧、多段线、样条曲线组成，路径可以是封闭的，也可以不封闭。

如果用直线或圆弧绘制拉伸的二维对象，则需用 PEDIT/命令将它们转换为单条多段线，然后再利用"拉伸"命令进行拉伸。

1. 执行路径

（1）在【建模】工具栏中点击【拉伸】按钮。
（2）选择【绘图】/【建模】/【拉伸】命令。
（3）在命令行中输入"EXTRUDE"。

2. 操作说明

具体操作步骤如下。
（1）利用命令绘制二维对象如图 10-12 所示。
（2）在【绘制】工具栏中单击【面域】，使所绘制的二维图形形成一个整体。
（3）在【实体】工具栏中单击【拉伸】按钮。
（4）选择要拉伸的对象。此时命令行提示如下。

> 指定拉伸高度或路径[路径(P)]:

（5）输入拉伸高度或指定一条二维对象作为拉伸路径。
（6）输入拉伸的倾斜角度（默认为 0），即可生成拉伸实体，如图 10-13 所示。

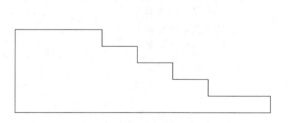

图 10-12 拉伸实体的二维对象

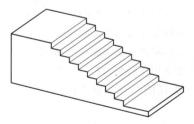

图 10-13 生成的拉伸实体

3. 特别提示

（1）拉伸锥角是指拉伸方向偏移的角度，其范围是 $-90° \sim +90°$。
（2）不能拉伸相交或自交线段的多段线，多段线应包括至少 3 个顶点但不能多于 500 个顶点。
（3）如果用直线或圆弧绘制拉伸用二维对象，应先使用"面域"命令将它们转化成一条多段线。
（4）指定拉伸的路径既不能与轮廓共面，也不能具有高曲率的区域。

任务 6 六、创建旋转实体

创建旋转实体即是将一个二维封闭对象(如圆、椭圆、多线段、样条曲线等)绕当前 UCS 中的 X 轴或 Y 轴并按一定的角度旋转成实体,也可以绕直线、多线段或两个指定的点旋转对象。

1. 执行路径

(1) 在【建模】工具栏中点击【旋转】按钮。
(2) 选择【绘图】/【建模】/【旋转】命令。
(3) 在命令行中输入"REVOLVE"。

2. 操作说明

创建旋转实体的方法和步骤具体介绍如下。
(1) 在【绘制】工具栏中单击【直线】按钮绘制二维图形,如图 10-14 所示。
(2) 在【绘制】工具栏中单击【面域】按钮,使所绘制的二维图形形成一个整体。
(3) 在【实体】工具栏中单击【直线】按钮绘制旋转轴。
(4) 在【实体】工具栏中单击【旋转】按钮。
(5) 指定要旋转的对象。
(6) 指定旋转轴的始点 a 和终点 b。
(7) 指定旋转角,即可生成旋转实体,如图 10-15 所示。

3. 特别提示

(1) 选择 X 或 Y 选项,将使旋转对象绕 X 轴或 Y 轴旋转指定角度,形成旋转体。
(2) 选择 O 选项,命令行提示【选择对象:】,即以所选对象为旋转轴旋转指定角度,形成旋转体。
(3) 在选择旋转对象后,直接指定旋转轴起点和终点,也可得到旋转体。

图 10-14　旋转实体的二维对象

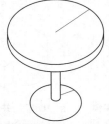

图 10-15　生成的旋转实体

任务 7 三维实体布尔运算

通过编辑简单的三维实体可以创建复杂三维实体,编辑的方法有合并、相减和相加等。

一、并集运算（相加实体）

将两个或多个实体（见图 10-16）进行合并，生成一个组合实体（见图 10-17），即并集运算。

1. 执行路径

（1）在【实体编辑】工具栏中点击【并集】按钮。

（2）选择【修改】/【实体编辑】/【并集】命令。

（3）在命令行中输入"UNION"。

2. 操作说明

在指示选择对象后，用鼠标连续选择要相添加的对象，然后按回车键即生成需要的组合实体。

二、差集运算（相减实体）

从一个实体中减去另一个实体（或多个）实体，生成一个新实体，即差集运算如图 10-18 所示。

1. 执行路径

（1）在【建模】工具栏中点击【差集】按钮。

（2）选择【修改】/【实体编辑】/【差集】命令。

（3）在命令行中输入"SUBTRACT"。

2. 操作说明

首先选择的实体是"要从中减去的实体"，按回车键后接着选择"要减去的实体"。如图 10-19 所示，先选择长方体，回车后再选择圆柱体得到图中所示的实体。"要从减去的实体"可以是一个，也可以是多个。

图 10-16　两个实体　　图 10-17　并集运算后　　图 10-18　圆柱体减去　10-19　长方体减去圆柱体
生成的实体　　　　　　长方体

三、交集运算（相交实体）

将两个或多个实体的公共部分构造成一个新的实体，即交集运算。

1. 执行路径

（1）在【建模】工具栏中点击【交集】按钮。

（2）选择【修改】/【实体编辑】/【交集】命令。

（3）在命令行中输入"INTERSECT"。

2．操作说明

选择具有公共部分的实体，才可以生成组合实体。否则，实体将被删除。如图 10-20 所示为对图时进行交集运算后生成的实体。

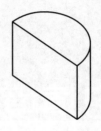

图 10-20　交集运算后生成的实体

 习　题

1．借助三维实体创建命令、视点设置命令及标高设置命令，完成如图 10-21 所示三维图形的绘制，掌握三维图形计算机绘制的一般方法。

（1）实操训练的目的：学习三维绘图操作的一般方法，培养三维图形计算机绘制的操作能力。

（2）图形绘制的思路：借助三维实体的绘图命令，绘制三维图形的基本组成部分，然后设置三维图形的观察方式，最后进行三维图形的渲染与着色，完成三维图形的绘制。

（3）绘制操作的要点：① 利用圆柱体(CYLINDER)命令创建桌子腿；② 利用长方体(BOX)命令创建桌面；③ 借助于标高(ELEV)设置命令，调整三维图形的空间位置；④ 借助于视点(VPOINT)设置命令，调整三维视图的观看方式；⑤ 利用渲染命令，对三维图形的效果进行装饰操作。

2．借助三维表面创建命令、视点设置命令及标高设置命令，完成如图 10-20 所示三维图形的绘制，掌握三维图形计算机绘制的一般方法。

图 10-21　实操训练图形一

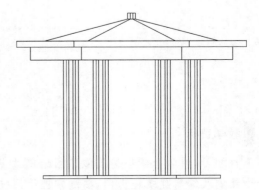

图 10-22　实操训练图形二

（1）实操训练的目的：学习三维绘图操作的一般方法，培养三维图形计算机绘制的操作能力。

（2）图形绘制的思路：借助三维表面的绘图命令，绘制三维图形的基本组成部分，然后设置三维图形的观察方式，最后调整图形连接，完成三维图形的绘制。

（3）绘制操作的要点：① 利用平移曲面(TABSURF)命令创建六角亭的地面、柱；② 利用旋转曲面(REVSURF)命令创建六角亭的顶部；③ 借助于三维绘图的编辑命令，调整三维图形的位置；④ 借助于视点(VPOINT)设置命令，调整三维视图的观看方式。

学习情境 11

建筑施工图的绘制

教学目标

通过学习,使学生掌握建筑施工图绘制的基本步骤和方法,能够熟练地使用绘图工具和编辑命令绘制及编辑建筑施工图,熟练掌握绘图技巧,提高绘图速度。

结合相关专业规范及制图要求,详细讲述专业图的绘制。了解工程设计中相关专业图纸设计的一般要求和使用 AutoCAD 绘制建筑施工图的方法、步骤和技巧。

教学重点与难点

(1) 绘制建筑平面图、立面图。

(2) 绘制建筑剖面图。

(3) 建筑详图绘制。

建筑的平、立、剖面图及楼梯间详图是建筑施工图中最常见的基本图样,建筑施工图主要用于表示拟建建筑物的内外形状和大小,以及各部分结构、构造、装饰和设备等内容,因此在绘制建筑施工图之前应掌握建筑设计的基本概念和建筑绘图的基本原则。另外,在建筑绘图前,工程图样板文件的创建也很重要,根据图样来进行建筑制图是提高作图效率的因素之一。

本学习情境以某住宅的平、立、剖面图及楼梯间详图的绘制过程为例介绍建筑施工图的绘制方法。

任务 1 工程图样板文件的创建

创建工程图样板文件可快速绘制其他同类工程图形。在绘制如建筑平面图、立面图、剖面图或建筑详图时,可直接调用已创建的建筑工程图样板文件,从而不必每次都对图层、标注样式、绘图单位等参数进行设置,大大提高了作图效率。

1. 样板文件的创建

1) 调用已存在样板文件

AutoCAD 中提供了多个样板文件,选择【文件】/【新建】命令或是在命令行中输入"New"命令,可打开【选择样板】对话框,在该对话框中选择所需的样板文件,然后单击 打开(O) 按钮即可打开相应的工程图样板文件。

2) 自定义样板文件

用户可在默认的样板文件基础上修改创建一个新的图形文件,对其中的各类参数等进行重新定义,以适用于某类工程图样,并将该图形文件以样板文件的格式保存,即保存为.dwt 格式的样板文件,供以后绘图时直接调用。

3) 调用已有图形修改为样板文件

用户可直接调用已有的某个符合规定的专业工程图形文件作为样图,因其图形界限、单位、图层及实体特性、文字样式、图块、尺寸标注样式等相关系统标量已设置完成,因此,用户只需打开该文件,将文件中多余的内容删去,然后将其另存为.dwt 格式的样板文件即可。

2. 建筑工程图样板文件的创建

在创建建筑工程图样板文件时,用户应根据自身绘图习惯及建筑专业所包含的内容来设定。下面以某住宅为例介绍其建筑工程平面图样板文件所包含的内容。

(1) 图形界限:由于建筑图形尺寸较大,且在绘制的时候通常按 1∶1 的比例绘制,因此应将图形界限设置得大一些,从而让栅格覆盖整个绘图区域。

(2) 捕捉间距:通常为 300,不符合模数的数据由键盘输入。栅格间距为 3000,并启用栅格功能。

(3) 单位:常为十进制、小数点后显示 0 位,以毫米为单位。

（4）图层、线型与颜色：平面图中所需的图层、线型及颜色可参照图11-1设置。

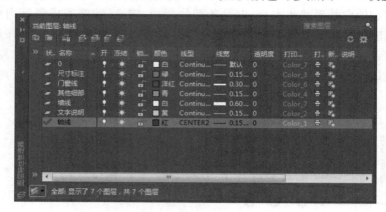

图 11-1　图层、线型与颜色设置

（5）系统变量：包括线型比例，尺寸标注比例，点符号样式、大小等。

（6）标注样式：平面图中所需的文字样式可参照图11-2设置；尺寸标注样式可参照图11-3设置。

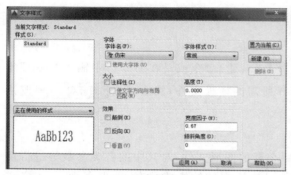

(a) 汉字样式　　　　　　　　　　　　　　　(b) 字母和数字样式

图 11-2　文字样式设置

任务2 建筑平面图

建筑平面图是表示建筑物在水平方向上房屋各部分的组合关系。在绘制时需根据房屋的立面图和剖面图进行分析绘制。

1. 建筑平面图的形成

建筑平面图是建筑施工图的基本图样，它是假想用一水平的剖切平面在各层的门窗洞口之间将房屋剖开，移去剖切面以上的部分，将剩余的形体向水平投影面作正投影得到的全剖视图。用于反映房屋的平面形状、大小和布置，墙、柱的位置、尺寸和材料，以及门窗的类型和位置等。

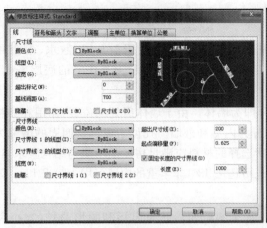

(a) 线样式

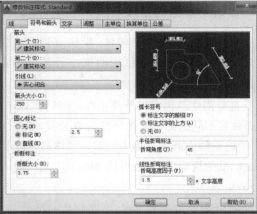

(b) 符号和箭头样式

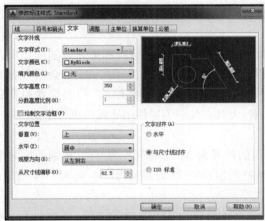

(c) 文字样式

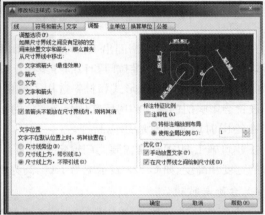

(d) 调整样式

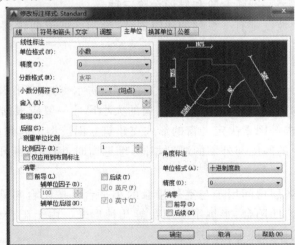

(e) 主单位样式

图 11-3　尺寸标注样式设置

2. 建筑平面图的组成

建筑平面图一般是由墙体、梁柱、门、台阶、坡道、窗、阳台、室内及厨卫布置、散水、雨棚和花台等，以及尺寸标注、轴线、说明文字等辅助图素组成的。如图 8-4 所示为某住宅的底层平面图。

1）墙体

垂直分割建筑物室内外及室内之间的实体部分即为墙体。由于墙体所处的位置、作用和材料的不同而具有不同的类型。按所处位置分类，墙体可分为内墙和外墙。凡位于建筑物四周的墙称为外墙，位于建筑物内部的墙称为内墙。墙体的厚度及所选择的材料应满足房屋的功能与结构要求，且符合有关标准的规定，如外墙可用 240、360，北方地区还可选用 480，非承重的内墙可用 120 或 180。

2）梁柱

梁柱主要在框架结构中起支撑荷载的作用。常见的截面形状有方形和圆形两种，大小尺寸依据结构确定，梁柱的位置根据房间结构及功能要求确定。相邻的梁柱之间的距离通常符合 300 的模数。

3）门

门主要起对建筑物和房间出入口等进行封闭和开启的作用，还兼有通风和采光等辅助作用。门的形式有平开门、弹簧门、推拉门和转门等多种。按其组成材料又分为木门、钢门、铝合金门和玻璃门等。门的位置、数量、大小、形式和材料选用主要由使用和安全防火等要求决定。门的位置和开启方向的设置会影响门的使用和房屋其他配套实施的布置，尤其在住宅等居住用建筑中更为重要。

在绘图时墙遇门时墙线应断开。

在建筑施工图中，通常需要为门窗定义编号。门的符号为 M，窗的符号为 C，可在编号后面跟上门窗的宽度和高度，如 C1523 表示宽为 1500，高为 2300 的窗；M0921 表示宽为 900，高为 2100 的门。

4）台阶与坡道

台阶是外界进入建筑物内部的主要交通要道，在绘制台阶时应按照实际的数量进行绘制。台阶的形式一般有普通台阶、圆弧台阶和异形台阶三种。

坡道的坡长、坡宽及坡度都有一系列的建筑规范，绘制好坡道的轮廓线后，应注明坡道上下行方向及坡度。

5）窗

窗的主要作用是采光、通风和瞭望，还有分隔、隔声、防水、防火等作用。窗由开启部分和非开启部分组成，有平开窗、推拉窗等多种形式。窗的大小尺寸一般应根据采光通风要求、结构要求和建筑立面的造型要求等因素决定。窗的形式在建筑立面造型上起到重要的作用。

在绘图时，一般窗户的厚度与外墙的厚度相同，墙遇窗时，墙线应断开（高侧窗除外）。

6）阳台

阳台是楼房建筑中各层房间用于与室外接触的小平台。按阳台与外墙所在位置和结构处理的不同，可分为挑阳台、凹阳台、半挑半凹阳台等几种形式。由于阳台外露，为防止雨水从阳台进入室内，要求阳台的标高低于室内地面。

7）厨卫洁具

对于室内及厨卫的布置，可将相关设备定义为专门的图块，在需要时直接将图块插入到房间中即可。

8）散水和雨棚

散水用于排除建筑物周围的雨水,在底层平面图中应绘制出来。

雨棚是建筑物入口处位于外门上部用于遮挡雨水、保护外门免受雨水侵害的水平构件,悬挑或设柱支撑。在二层平面图中应绘制出来。

9）辅助图素

辅助图素主要包括尺寸标注、轴线、简单的文字说明、标高、剖切符号、指北针、坡度标注、房间名称、楼梯上下行方向示意、门窗编号和室内外布置等。

3. 绘制建筑平面图的注意事项

在绘制建筑平面图的过程中,应注意如下几点。

（1）剖切生成正确。

建筑平面图实际上是一个全剖视图,其剖切方向为水平剖切,因此,在绘图时,首先应找准剖切位置和投影方向,并想清楚哪些是剖到的,哪些是看到的,哪些是需要表达的,这样才能准确地表达出建筑物的平面形式。

（2）线型正确。

建筑平面图中主要涉及三种宽度的实线:被剖切到的柱子、墙体的断面轮廓线为粗实线;门窗的开启示意线为中粗实线;其余可见轮廓线为细实线。

（3）只管当前层,不管其他层。

在绘制建筑物各层平面图时,只需按照剖切方向由上垂直向下看,所能够观察到的物体才属于该层平面图中的内容。例如,某些建筑物屋顶不在同一层上,若从某层剖开并由上向下观察建筑物,除了能观察到该层平面上的部分物体,也能看到低于该层的物体。此时,若要绘制该层平面图,则只需要将该层平面中观察到的内容绘制出来,而不管其下的屋顶平面,即只管当前层,不管其他层。

（4）尺寸正确。

在绘制建筑平面图时,各个设施应按照设计的实际尺寸及数量绘制。

（5）尺寸标注规范。

建筑平面图的尺寸标注是其重要内容之一,要求必须规范注写,其线性标注分为外部尺寸和内部尺寸两大类。外部尺寸分三层标注:第一层为外墙上门窗的大小和位置尺寸;第二层为定位轴线的间距尺寸;第三层为外墙的总尺寸。要求第一层尺寸距建筑物最外轮廓线 10～15 mm,三层尺寸间的间距保持一致,通常为 7～10 mm。另外还有台阶、散水等细部尺寸。内部尺寸主要有内墙厚、内墙上门窗的定形尺寸及定位尺寸。对于标高的标注,需注明建筑物室内外地面的相对标高。

（6）其他。

在建筑物的底层平面图中应注意指北针、建筑剖视图的剖切符号、索引符号等的绘制。

例 11.1　　绘制平面图。如图 11-4 所示的某办公楼底层平面图为该楼房在一层的门窗洞口处水平剖切后的俯视图。该建筑为外廊式建筑,走廊在建筑南侧,北侧对应的房间有活动室、办公室和楼梯间。

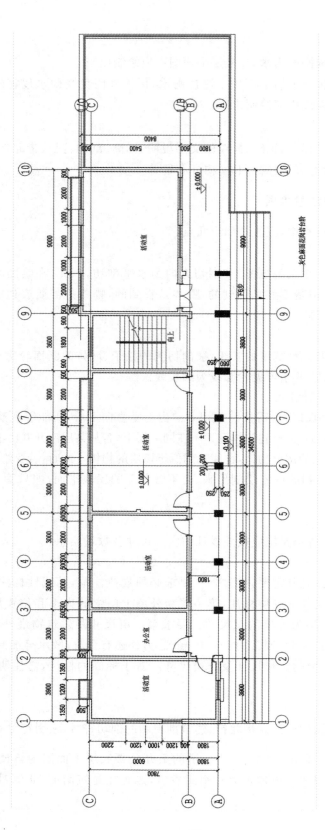

图11-4 办公楼底层平面图

分析：绘制建筑平面图的一般步骤是：轴线、柱子、墙体、门窗、楼梯、室内设施、其他设施等、标注尺寸、轴线编号、指北针等。

绘制步骤

步骤 1　　绘图环境。调用"建筑工程图样板文件"开始绘制新图。

步骤 2　　绘制轴线。画图之前先分析图形是否对称，如果平面图对称，在绘制时可以只绘制一半，之后进行镜像就可以得到完整的平面图。将"轴线"层设置为当前层，先以"直线"命令分别绘制超过总长和总宽的一条水平轴线和一条垂直轴线，再在水平方向使用"偏移"命令，偏移距离分别为：3900、3000、3000、3000、3000、3000、3000、3600、9000 得到横向定位轴线，垂直方向偏移距离分别为：1800、6000，得到纵向定位轴线，如图 11-5（a）所示，增加两条附加轴线，整理如图 11-5（b）所示。

步骤 3　　绘制柱子。轴线绘制完成后，使用矩形、填充命令绘制柱子，然后将这些柱子对象插入轴线交点处。单击图层控制下拉列表，选择"柱子"图层为当前图层。执行"矩形"命令（REC），绘制 400×500 的矩形；再执行"图案填充"命令（H）对矩形进行填充 SOLTD 图案，如图 11-6 所示。执行"复制"命令，将柱子插入到相应位置，如图 11-7 所示。

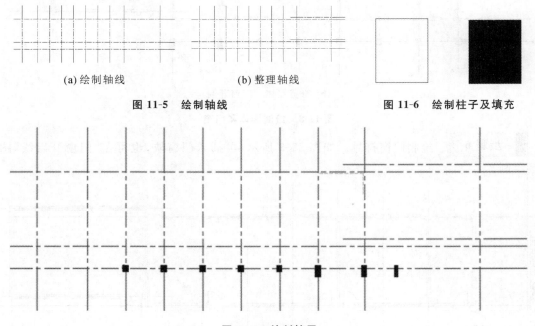

(a) 绘制轴线　　　　　　(b) 整理轴线

图 11-5　绘制轴线　　　　　　　　**图 11-6　绘制柱子及填充**

图 11-7　绘制柱子

步骤 4　　绘制墙线。将"墙线"设置为当前层，我们常用的方法是使用"多线"命令沿着轴线绘制直线，之后进行分解、修剪。先绘制外墙图，再绘制内墙图 11-8（a）所示。

步骤 5 整理墙线,门窗开洞。如图 11-8(b)所示,先修剪墙体,再根据门窗的定位与定形尺寸确定门窗洞口。墙体的修剪可先利用多线进行编辑命令 Mledit 将没分解的多线进行编辑,之后分解多线,利用"偏移"和"修剪"等命令绘制门窗洞口。

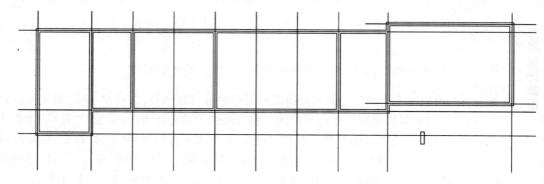

(a)绘制墙体

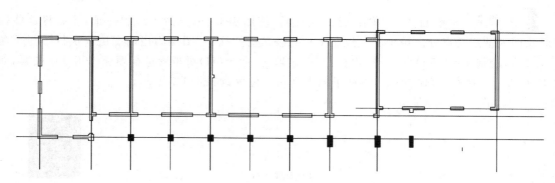

(b) 修剪墙体、门窗开洞

图 11-8 绘制墙体和门窗

步骤 6 绘制门窗符号。如图 11-9 所示,可插入门窗块,也可在"门窗开启线"图层直接绘制。

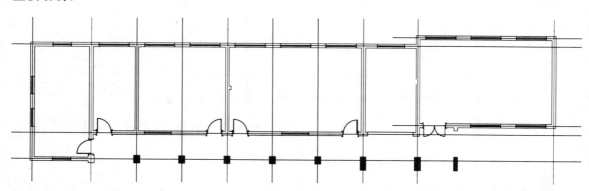

图 11-9 绘制门窗图例

步骤 7 　其他。如图 11-10 所示,绘制台阶、散水等细部结构。绘制楼梯和台阶执行"偏移"命令,偏移距离为 280、400。

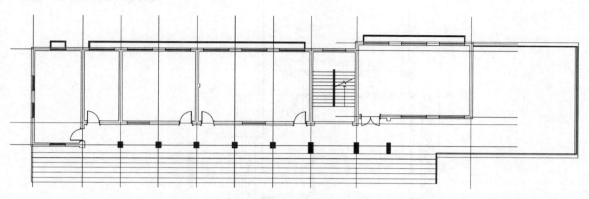

图 11-10　绘制楼梯及台阶

步骤 8 　标注。将"尺寸线"图层设为当前层,标注尺寸及标高。

将"尺寸标注"图层置为当前层,在【格式】下拉菜单设置"标注样式",新建"平面图标注",修改线、符号和箭头、文字、调整等选项卡,完成后进行标注。

执行"线性标注"(DLI)和"连续标注"(DCO)。先执行"线性标注"捕捉开始两个轴线之间距离,标注完成后,再执行"线性标注"(DCO),依次捕捉相邻的轴线进行标注。如图 11-11 所示。

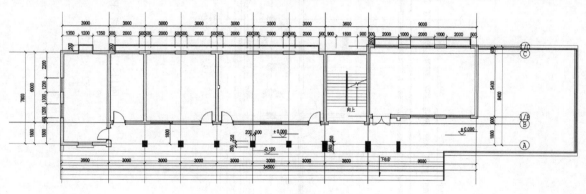

图 11-11　绘制尺寸标注

步骤 9 　轴号及文字说明。选择"轴号"图层为当前图层,执行"圆"命令,绘制直径为 800 的圆;再执行"直线"命令,过圆上和右象限点各绘制长为 1500 的线段。将"轴号文字"置为当前文字样式,执行"单行文字"命令(DT),在圆正中添加文字。如图 11-12 所示。

步骤 10 　完成图形并保存文件。绘制指北针、剖切符号等内容,完成一层平面图的绘制。

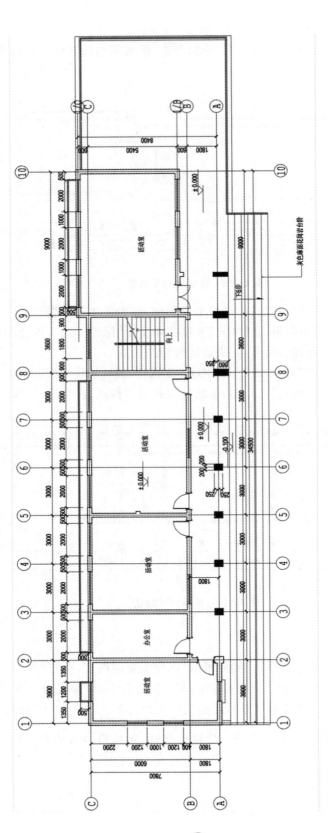

图11-12　绘制轴号及文字说明

任务 3 建筑立面图绘制

建筑立面图主要表示建筑物的立面效果。立面图的绘制是建立在建筑平面图的基础上的，它的尺寸在长度或宽度方向上受建筑平面图的约束，而高度方向上的尺寸需根据每一层的建筑层高及建筑部件在高度方向的位置而确定。

1. 建筑立面图的形成

建筑立面图是将建筑物向平行于外墙面的投影面投影得到的正投影图。主要用来表示建筑物的外貌、门窗位置及形式、外墙面装饰布置、建筑的结构形式等。

2. 建筑立面图的组成

在绘制建筑立面图时，应将建筑物各方向的立面绘制完全，差异小、不难推定的立面可省略。建筑立面图主要包括以下内容。

（1）建筑物的外观特征。建筑立面图应将立面上所有看得见的细部都表现出来，但通常立面图的绘图比例较小，如门窗、阳台栏杆、墙面复杂的装饰等细部往往只用图例表示，它们的构造和做法，都应另有详图或文字说明。因此，习惯上往往对这些细部只分别画出一两个作为代表，其他都可简化，只需画出轮廓线。

（2）建筑物各主要部分的标高。室内外地面、窗台、门窗顶、阳台、雨棚、檐口等处完成面的标高。

（3）立面图两端的定位轴线及编号。

（4）建筑立面所选用的材料、色彩和施工要求等，通常用简单的文字说明。

3. 绘制建筑立面图的注意事项

在绘制建筑立面图的过程中，应注意如下几点。

（1）立面图的命名。建筑立面图的名称可按照立面所在的方位或按照两端轴线编号来确定。

（2）线型正确。为了层次分明，增强立面效果，建筑立面图中共涉及到四种宽度的实线：立面的最外轮廓线用粗实线；地坪线采用加粗实线（约为 1.4 倍的粗线宽）；台阶、门窗洞口、阳台等有凸凹的构造采用中粗实线；门窗、墙面分隔线、雨水管等细部构造采用细实线绘制。

（3）与平面图中相关内容对应。建筑立面图的绘制离不开建筑平面图，在绘制建筑立面图的过程中，应随时参照平面图中的内容来进行，如门窗、楼梯等设施在立面图中的位置都要与平面图中的位置相对应。

（4）标注。建筑立面图中只标注立面的两端轴线及一些主要部分的标高，通常没有线性标注。

例 11.2 绘制立面图。如图 11-13 所示为某办公楼南立面图，即将建筑物的南外墙面向与其平行的投影面投影得到的图样。

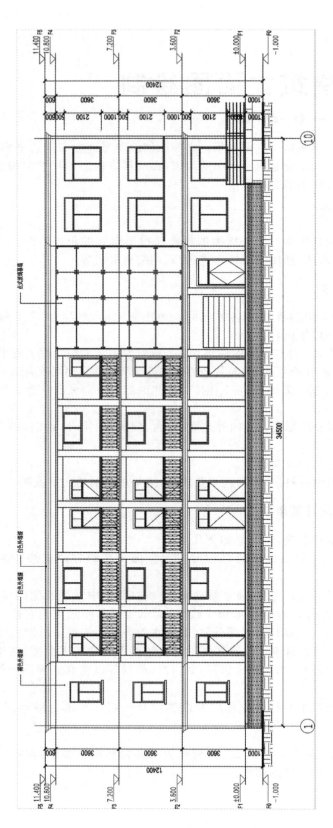

图11-13 某办公楼南立面图

　　分析：绘制建筑立面图的步骤是：绘制楼层定位线、门窗、阳台、台阶、雨棚等，一般可先绘制一层的
立面，再复制得到其他各楼层立面。

绘制步骤

步骤 1　　绘图环境。调用"建筑工程图样板文件"，修改图层管理器中的线型、线宽等
格式，开始绘制新图。

步骤 2　　绘制定位轴线。确定立面上的门窗、阳台等位置，画出立面对应的轴线、各
楼层的层面线以及室外地面线，如图 11-14 所示。

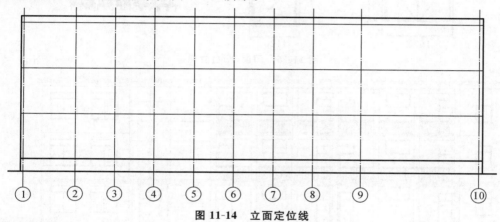

图 11-14　立面定位线

步骤 3　　绘制立面的主要轮廓线，此时需要注意轮廓线要加粗，如图 11-15 所示。

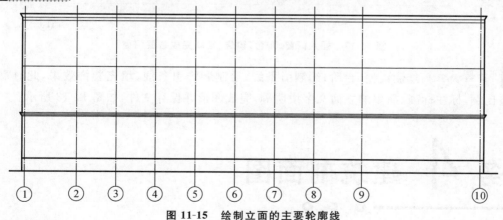

图 11-15　绘制立面的主要轮廓线

步骤 4　　创建门窗、阳台立面图块，如图 11-16 所示。

步骤 5　　插入门窗、阳台立面图例，完成一层后复制得到其他各层立面，删除不需要
的图线，如图 11-17 所示。

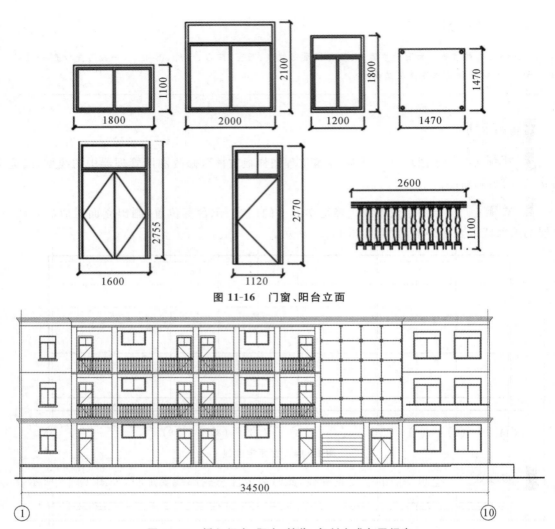

图 11-16   门窗、阳台立面

图 11-17   插入门窗、阳台,镜像、复制完成各层门窗

步骤 6　　绘制雨棚、台阶;绘制引条线;绘制装饰引条线,填充装饰效果,此时需要注意调整比例,标注标高、简单的立面文字说明等,完成图形并保存文件,如图 11-13 所示。

任务 4 建筑剖面图

建筑剖面图用来表示建筑物在垂直方向上房屋内部各部分的组成关系。

1. 建筑剖面图的形成

假想用一个或几个垂直于外墙轴线的铅垂剖切面将房屋剖开,向某一方向作正投影即得到剖面图。建筑剖面图主要是反映房屋内部构造的图样,因此剖切位置应选择在能反映房屋内部构造比较复杂与典型的位置,并应通过门窗洞口及楼梯间。

2. 建筑剖面图的组成

建筑剖面图主要应表示出建筑物各部分的高度、层数和各部位的空间组合关系,以及建筑剖面中的结构、构造关系、层次和做法等。其主要包括以下内容。

(1) 剖面图名称。剖面图的图名应与底层平面图上所标注剖切符号的编号一致,如"1—1 剖面图"、"2—2 剖面图"等。

(2) 墙、柱、轴线及编号。

(3) 建筑物被剖切到的各构配件:室内外地面(包括台阶、明沟及散水等)、楼面层(包括吊天棚)、屋顶层(包括隔热通风层、防水层及吊天棚);内外墙及其门窗(包括过梁、圈梁、防潮层、女儿墙及压顶);各种承重梁和连系梁、楼梯梯段及楼梯平台、雨棚、阳台以及剖切到的孔道、水箱等的位置、形状及其图例。一般不画出地面以下的基础。

(4) 建筑物未被剖切到的各构配件:未剖切到的可见部分,如看到墙面及其凹凸轮廓、梁、柱、阳台、雨棚、门、窗、踢脚、勒脚、台阶(包括平台踏步)、雨水管,以及看到的楼梯段(包括栏杆、扶手)和各种装饰等的位置和形状。

(5) 竖直方向的线性尺寸和标高。线性尺寸主要有外部尺寸(包括门窗洞口的高度),内部尺寸(包括隔断、洞口、平台等的高度)。标高应包含底层地面标高,以及各层楼面、楼梯平台、屋面板、屋面檐口、室外地面等的标高。

3. 绘制建筑剖面图的注意事项

(1) 找准剖切位置及投影方向。注意底层平面图上的剖切符号,看准其剖切位置及投影方向。

(2) 线型正确。建筑剖面图中的实线只有粗细两种,被剖切到的墙、柱等构配件用粗实线绘制,其他可见构配件用细实线绘制。

(3) 与平面图、立面图中相关内容对应。建筑的平、立、剖面图相当于物体的三视图,因此建筑剖面图的绘制离不开建筑平面图、立面图,在建筑剖面图中绘制如门窗、台阶、楼梯等构配件时,应随时参照平面图、立面图中的内容确定各相应构配件的位置及具体的大小尺寸。因此,绘制剖面图必须结合平、立面图。

例 11.3 绘制剖面图。如图 11-18 所示为某住宅的 1—1 剖面图,剖切位置见底层平面图。

分析:绘制建筑剖面图的步骤是:绘制楼层定位线、墙体、楼面板、梁柱、门窗、楼梯等,一般可先绘制一层的剖面,再复制得到其他各楼层剖面。

绘制步骤

步骤 1 绘图环境。调用"建筑工程图样板文件",修改图层管理器中的线型、线宽等格式,开始绘制新图。

步骤 2 绘制定位轴线。绘制与该剖切位置对应的轴线、各楼层的层面线以及室外地面线,如图 11-19 所示。

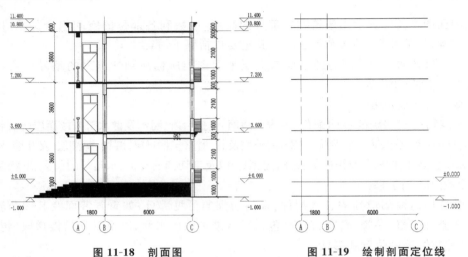

图 11-18　剖面图　　　　　　　　　图 11-19　绘制剖面定位线

步骤 3 绘制墙体、楼板等承重构件,并修剪门窗洞口。楼板厚度 100,墙体 240,女儿墙高为 600。墙线可以执行"多线"命令,也可以利用轴线进行偏移,楼板的绘制需要从各楼层的层面线向下偏移 100,如图 11-20 所示。

步骤 4 绘制门窗及窗台的投影。可插入"门窗"块或直接绘制,剖切到的及未剖切到的门窗的立面图例,如图 11-21 所示。

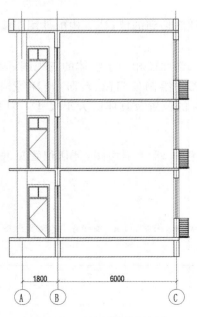

图 11-20　绘制墙体、楼板

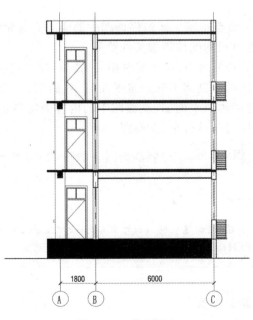

图 11-21　绘制门窗

步骤 5　填充。如图 11-22 所示为被剖切到的楼板、过梁等。

步骤 6　绘制台阶及外墙造型线并且标注。标注竖直方向的线性尺寸和标高。

步骤 7　完成图形并保存文件。

任务 5 建筑详图的绘制

建筑平面图、建筑立面图和建筑剖面图三图配合虽然表达了房屋的全貌,但由于所用的比例较小,房屋上的一些细部构造不能清楚的表示出来,因此还需要绘制建筑详图。

1. 建筑详图的形成

在建筑施工图中,还应当把房屋的一些细部构造,采用较大的比例(如 1：30、1：20、1：10、1：5、1：2、1：1) 将其形状、大小、材料和做法详细表达出来,以满足施工的要求,这种图样称为建筑详图,又称为大样图或节点图。

2. 建筑详图的组成

建筑详图是施工的重要依据,是对建筑平面图、立面图、剖面图等基本图样的深化和补充,因此详图的数量和图示内容应根据房屋构造的复杂程度而定。一幢房屋的施工图一般需要绘制以下几种详图:外墙身剖面详图、门窗详图、楼梯详图、台阶详图、厕浴详图以及装修详图等。

3. 绘制建筑详图的注意事项

在绘制外墙身详图的过程中,应注意如下几点。

(1) 在多层房屋中,各层构造情况相同,可只画墙脚、中间部分和檐口三个节点。

(2) 门窗通常采用标准图集,在详图中采用省略方法绘制,即门窗在洞口处断开。

(3) 图线:被剖切到的墙体、楼面板等用粗实线表示,其余细部构造用细实线表示。

(4) 多层构造的文字说明:屋面、楼面的构造做法由上层至下层分别用文字由上至下顺序说明。

(5) 尺寸和标高:标注檐口、窗洞、窗间墙、室外地坪的高度尺寸,檐口外挑尺寸等,窗洞虽然折断,但应标出其实际高度尺寸。檐口上下、窗上下、楼面、室外地坪等的标高。

(6) 外墙身定位轴线,屋顶砌坡及散水的坡度应标明。

(7) 详图中仍未表达清楚之处,还应引出索引符号,以更大比例的详图表示。

 习　题

1. 绘制如图 11-23 所示的平面图。

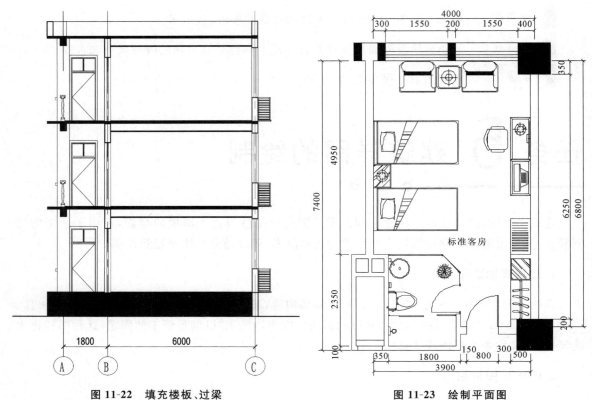

图 11-22　填充楼板、过梁

图 11-23　绘制平面图

2. 绘制如图 11-24 所示的楼梯剖面图。

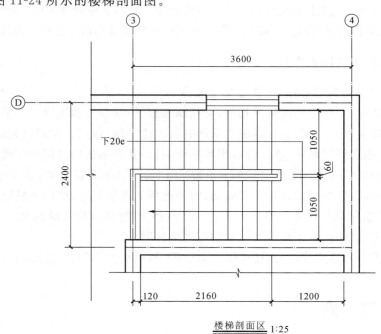

楼梯剖面区 1:25

图 11-24　某楼梯剖面图

3.绘制如图 11-25 所示的平面图。

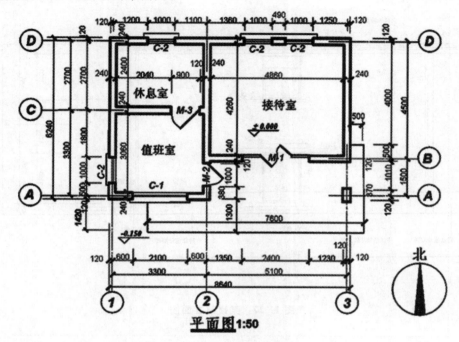

图 11-25　某建筑平面图

4.绘制如图 11-26 所示的平面图。

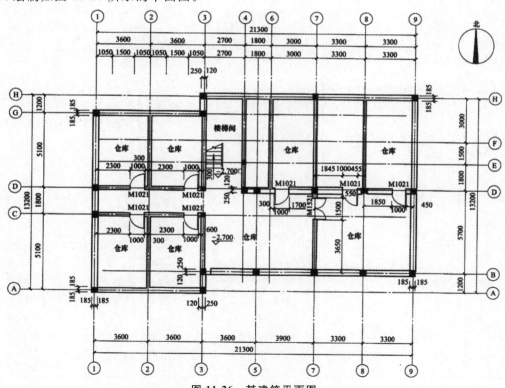

图 11-26　某建筑平面图

5.绘制如图 11-27 所示的立面图。

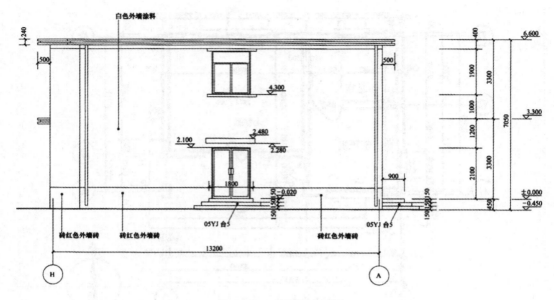

图 11-27　某建筑立面图

给水排水工程图绘制

■ 教学目标

通过本章的学习,使学生了解建筑给水排水工程设计的内容、基本要求,以及使用 CAD 绘制建筑给排水工程图的方法和技巧。

■ 教学重点与难点

(1) 建筑给水排水平面图的绘制。
(2) 建筑给水排水系统图的绘制。

任务 1 给水排水工程图绘制要求

给水排水工程图绘制相关要求参见《建筑给水排水制图标准》(GB/T 50106—2010)。其主要内容包括以下几部分。

一、图线

给水排水专业制图常用的各种线型宜符合表12-1中的规定。其中,线宽 b 宜为 0.7 mm 或1.0 mm。

表 12-1   基本线型

名称	线型	线宽	用途
粗实线		b	新设计的各种排水和其他重力流管线
粗虚线		b	新设计的各种排水和其他重力流管线的不可见轮廓线
中粗实线		$0.75b$	新设计的各种给水和其他压力流管线;原有的各种排水和其他重力流管线
中粗虚线		$0.75b$	新设计的各种给水和其他压力流管线及原有的各种排水和其他重力流管线的不可见轮廓线
中实线		$0.50b$	给水排水设备、零(附)件的可见轮廓线;总图中新建的建筑物和构筑物的可见轮廓线;原有的各种给水和其他压力流管线
中虚线		$0.50b$	给水排水设备、零(附)件的不可见轮廓线;总图中新建的建筑物和构筑物的不可见轮廓线;原有的各种给水和其他压力流管线的不可见轮廓线
细实线		$0.25b$	建筑的可见轮廓线;总图中原有的建筑物和构筑物的可见轮廓线;制图中的各种标注线
细虚线		$0.25b$	建筑的不可见轮廓线;总图中原有的建筑物和构筑物的不可见轮廓线
单点长画线		$0.25b$	中心线、定位轴线
折断线		$0.25b$	断开界线

二、比例

给水排水专业制图常用的比例宜符合表12-2中的规定。

表 12-2　常用比例

名称	比例	备注
区域规划图 区域位置图	1：50000、1：25000、1：10000、1：5000、1：2000	宜与总图专业一致
总平面图	1：1000、1：500、1：300	宜与总图专业一致
管道纵断面图	纵向：1：200、1：100、1：50 横向：1：1000、1：500、1：300	
水处理厂（站）平面图	1：500、1：200、1：100	
水处理构筑物、设备间、 卫生间、泵房平、剖面图	1：100、1：50、1：40、1：30	
建筑给排水平面图	1：200、1：150、1：100	宜与建筑专业一致
建筑给排水轴测图	1：150、1：100、1：50	宜与相应图纸一致
详图	1：50、1：30、1：20、1：10、1：5、1：2、1：1、2：1	

在管道纵断面图中可根据需要对纵向与横向采用不同的组合比例。在建筑给排水轴测图中，如局部表达有困难时，该处可不按比例绘制。水处理流程图、水处理高程图和建筑给排水系统原理图均不按比例绘制。

任务 2　给水排水工程图常用图例

在给水排水工程图中，由于绘图比例较小，图中的管道、用水设备和卫生器具等都按比例用示意性的图例符号来表示。表 12-3 为给水排水工程图中常用的图例。在绘制给排水工程图时，不论是否采用标准图例，都应在图样中附上所选用的图例，以免施工时引起误解。

表 12-3　给水排水工程图常用图例

序号	名称	图例	备注
1	生活给水管	—— J ——	
2	热水给水管	——RJ——	
3	污水管	——W——	
4	雨水管	——Y——	
5	消火栓给水管	——XH——	
6	自动喷水灭火给水管	——ZP——	
7	立管检查口	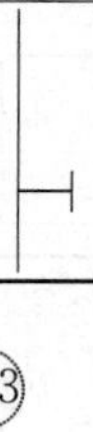	

续表

序号	名称	图例	备注
8	清扫口	平面　　　系统	
9	通气帽	成品　　　铅丝球	
10	圆形地漏		通用。如为无水封，地漏应加存水弯
11	法兰连接		
12	承插连接		
13	法兰堵盖		
14	偏心异径管		
15	闸阀		
16	止回阀		
17	放水龙头		
18	室内消火栓（单口）		白色为开启面
19	台式洗脸盆		
20	蹲式大便器		
21	水泵		左侧为平面图，右侧为系统图

任务 3 给水排水工程图分类及特点

给排水工程是由给水工程和排水工程两部分组成的。给水工程指水源取水、水质净化、净水输送、配水使用等工程。给水为居民生活、工业生产、消防提供合格的用水。排水工程是指污水的排出、污水的处理和排放等工程。给水排水工程图按其性质可以分为室内给排水工程图、室外管道及附属设备图和水处理工艺设备图。

一、室内给水工程图

室内给水系统可以分为生活给水系统、生产给水系统和消防给水系统,以生活给水系统为例说明其组成及图示特点。

1. 系统组成

生活给水系统一般包括引入管、水表节点、管道系统、给水附件、升压和储水设备和室内消防设备等。

2. 室内给水平面布置图

室内给水平面布置图是用来表达给水进户管的位置与室外管网的连接关系,给水干管、立管、支管的平面位置和走向,管道上各种配件的位置,各种卫生器具和用水设备的位置、类型和数量等内容。图示方法和特点表现在以下几个方面。

1) 比例

一般采用与建筑平面图相同的比例(1∶100),如用水房间中的设备或给水管道较复杂,用1∶100的比例绘制图形不够清楚时,可采用1∶50的比例绘制。

2) 平面布置图数量

多层建筑给水管道平面布置图原则上应分层绘制,对于用水房间的卫生设备及管道布置完全相同的楼层,可以绘制一个平面布置图,但是底层平面布置图必须单独绘制,以反映室内外管道的连接情况。

3) 建筑平面图

室内给水平面布置图是在建筑平面图的基础上表达室内给水管道在房间内的布置和卫生设备的位置情况。建筑平面图只是一个辅助的内容,因此建筑平面图中的墙、柱等轮廓线、台阶、楼梯、门窗等内容都用细实线画出,其他一些细部可以省略不画。

4) 卫生器具的画法

在平面布置图中各种卫生器具都是工业定型产品,可按规定图例表示,图例外轮廓用中实线,内轮廓用细实线画出。施工时按照给水排水国家标准图集来安装。

5）管道画法

管道是管网平面布置图的主要内容,室内给水管道用中粗实线表示,在平面布置图中给水管道需要画至设备的放水龙头或冲洗水箱的支管接口,各管段的标高及长度在平面图中一般不进行标注。

给水管以每一引入管为一系统,当给水管道系统的进口多于一个时,应用阿拉伯数字编号,如图 12-1 所示,圆圈直径为 12 mm。立管在平面图中用小圆圈表示,当穿越二层及二层以上的立管多于 1 根时,也应用阿拉伯数字编号,如图 12-2 所示。

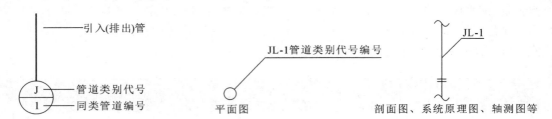

图 12-1　给水引入（排水排出）管编号表示法　　　　图 12-2　给水立管编号表示法

6）尺寸标注

给水平面图的尺寸标注主要是标注管道的管径和标高,其标注形式如图 12-3 和图 12-4 所示。

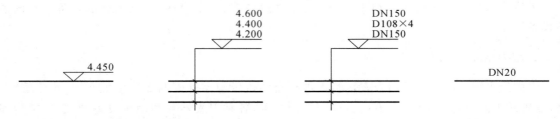

图 12-3　平面图中管道标高标注法　　　　图 12-4　平面图中管道管径标注法

标高数字应以米（m）为单位,注写到小数点以后第三位。在总平面图中,可注写到小数点以后第二位。室内工程应标注相对标高,室外工程宜标注绝对标高,当无绝对标高资料时可标注相对标高,但应与总图专业一致。给水管道应标注管中心标高,沟渠和重力流管道宜标注沟管内底标高。

3. 给水管道系统轴测图

为了能够清楚地表达给水进户管、给水干管、立管、支管的空间位置和走向,各种配件在管道上的位置、连接情况以及各段管道的管径和标高等内容,需要画出给水管道系统轴测图来表达给水管道在空间三个方向的延伸情况。

室内给水管道系统一般是沿墙角和墙布置的,它在空间转折一般是按直角方向延伸,形成三个方向相互垂直的直角坐标系统。图示方法和特点表现在以下几个方面。

（1）比例。一般采用与平面布置图相同的比例,如果给水管道较为密集复杂,为使图形清晰可将绘图比例放大,如果图形简单,也可将比例缩小。

（2）图例。在给水系统图上只需画出管道及配水附件,用图例表示水表、阀门、放水龙头等附件。

（3）管道画法。系统图中的给水管道用单线表示，线宽同平面布置图。为了使图形清晰，对于用水设备和管道布置完全相同的楼层，可以只画一个楼层的所有管道，其他楼层的管道可以省略不画。在折断的支管处画一个断裂符号"波浪线"，并用指引线注明"同××层"。

每个系统图下面都应标注出与平面布置图索引编号相一致的详图符号，详图符号用直径为 12 mm 的粗实线圆圈表示。

二、室内排水工程图

1. 系统组成

生活排水系统一般包括排水连接管、排水横管、排水立管、排出管、排水附件及通气帽等。

2. 排水管道平面布置图

排水管道平面图用来表达室内排水管道、排水附件及卫生器具的平面布置，各种卫生器具的类型、数量，各段排水管道的位置和连接情况，排水附件如地漏的位置等内容。

（1）排水管道平面布置图中，排水管道用粗虚线表示，并画至卫生器具的排水泄水口处，在底层平面布置图中还应画出排出管和室外检查井。

（2）每层的排水管道平面布置图中的排水管道同样是服务本层的排水管道。例如，二层的排水管道是指在二层楼板以下和一层顶部的排水管，不论是否可见均画成粗虚线。

（3）为了使排水平面布置图与排水系统图的相互对照，排水管道也需编号，形式如图 12-5 所示。

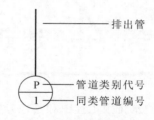

排出管

管道类别代号

同类管道编号

图 12-5　排水排出管编号表示法

3. 排水管道系统轴测图

排水管道系统轴测图主要是表达排水管的空间位置和走向，各排水附件如地漏、存水弯、检查口在管道中的位置和连接关系，以及各排水管道的管径、坡度和标高等内容。

1）图例

排水系统图中所用图例表示用水设备的存水弯、地漏和连接支管等。楼地面线、管道上的阀门和附件应予以表示。管道布图方向应与平面图一致，并按比例绘制。局部管道按比例不易表示清楚时，该处可不按比例绘制。排水横管应有坡度，由于绘图比例小，不宜画出坡降，可画成水平管道。

2）管道画法

排水管道用粗虚线表示，线宽同平面图。对于排水管道布置相同的楼层可以只画一个楼层的所有管道，其他楼层的管道可以省略。为了便于读图，每个系统图下面都应标注出与平面布置图索引编号相一致的详图符号。

3）尺寸标注

排水系统图的尺寸标注包括管径、坡度和标高三个方面。不同管径的横管、立管和排出管需要逐段分别标注，标注形式如图 12-6 所示。排水系统中应标注出立管上的通气帽、检查口、排出管的起点标高，地面、楼层的标高，承接存水弯较短的横支管标高可以不标注。排水系统的管道一般都是重力流，排水横管都有坡度，因此，需要在横管和排出管的旁边标注管道坡。

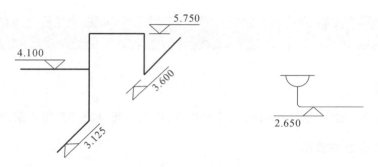

图 12-6　轴测图中管道标高标注法

任务 4　建筑给水排水工程图绘图实例

给水排水工程图和其他专业图一样，都要符合相应的国家标准和行业规范。管道是给水排水工程图的主要表达对象，由于它们细而长，纵横交错，附件多，因此利用计算机绘制给水排水工程图时应掌握一定的方法和技巧，这样才能达到事半功倍的效果。

一、给水排水平面图的绘制

1. 设置绘图环境

绘图前要对绘图单位、图形界限、图层、文字、尺寸标注等参数进行初步设置，也可以通过打开一份设置相近的图纸，根据需要进行适当的修改。

1）设置图幅

（1）选择【格式】/【图形界限】命令，图形界限大小和根据所绘制图形大小和绘图比例确定。

（2）选择【视图】/【缩放】/【全部】命令，将所设置的图形界限全屏显示。

2）设置对象捕捉

移动光标位于状态栏的任意位置时，单击鼠标右键，屏幕出现"草图设置"对话框，选择本图中常用的捕捉：端点、节点、交点等。

3）设置图层

点击"对象特性"工具条的"图层"按钮，出现【图层特性管理器】对话框，点击"新建"按钮，增加新的图层，并给图层命名，如标注、粗实线等；加载线型，定义线宽，赋予图层颜色，如图 12-7 所示。文字样式、标注样式等绘图环境的设置见相关章节。

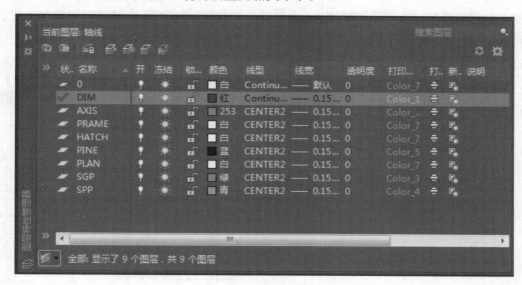

图 12-7　设置图层

2. 抄绘建筑平面图

室内给水排水平面图中的建筑平面图采用与房屋建筑平面图相同的比例，故可抄绘建筑平面图。因为给排水平面图与建筑平面图的表达侧重点不同，所以某些与用水设备无关的细部可简化。墙身和门窗等构造一律画成细实线。具体绘制如下所述。

1）绘制轴线

选择 AXIS 图层为当前层，该层线型采用 CENTER，颜色为灰色。执行"直线"命令绘制一条纵向轴线和横向轴线，然后根据间距通过偏移复制得到其余轴线，具体操作步骤如下。

```
命令:_line
指定第一点：    //开启正交模式,画水平轴线
指定下一点或[放弃(U)]:10000              //捕捉直径右端点
指定下一点或[放弃(U)]:                    //按回车键
命令:_offset
指定偏移距离或[通过(T)]:4150
选择要偏移的对象或〈退出〉:               //选择所画的轴线
指定点以确定偏移所在的一侧:              //点击轴线的下侧
命令:                                    //按回车键
指定偏移距离或[通过(T)]:4550
选择要偏移的对象或〈退出〉:               //选择第二条轴线
指定点以确定偏移所在的一侧:              //点击轴线的下侧
选择要偏移的对象或〈退出〉:               //按回车键
```

纵向轴线的绘制同横向轴线,分别输入间距 5100、2400 即可,结果如图 12-8 所示。

2)绘制柱网、墙体及门窗

选择柱网相应的图层,以某轴线的交点为中心绘制正方形,然后用 SOLID 图案填充(图案填充可设置在别的图层),得到一个柱子的绘制,然后以此柱子为复制对象,进行多重复制,最后完成整个柱网的绘制。为了后续绘制过程中能够快速捕捉轴线的交点,捕捉时可将填充图层关闭。结果如图 12-9 所示。

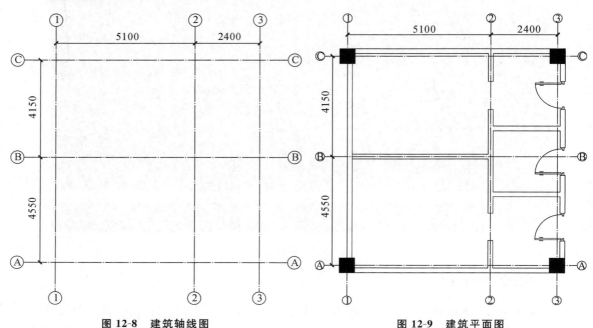

图 12-8 建筑轴线图   图 12-9 建筑平面图

3. 绘制用水设备的平面图

底层卫生设备平面布置图,由于室内管道需要与户外管道相连,必须单独画出一个完整的平面图,若用水设备只是集中配置在几个房间内,可仅抄绘出这几个房间的建筑平面图,相邻的房间可画以折线予以断开。

选择用水设备图层为当前图层,绘制该房间的用水设备,包括清扫口、地漏、蹲便器、立式小便器、污水池、台式洗脸盆等。本例所涉及的设备图例如图 12-10 所示。

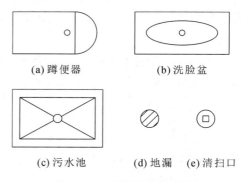

(a) 蹲便器   (b) 洗脸盆

(c) 污水池   (d) 地漏   (e) 清扫口

图 12-10 给排水设备图例

下面对蹲便器、污水池、清扫口的绘制步骤进行详细介绍,具体绘制过程如下。

(1)蹲便器的绘制。

```
命令:_rectang
指定第一个角点或[倒角(C)/标高(E)/圆角(F)/厚度(T)/宽度(W)]:
                        //在屏幕上指定一点作为第一个角点
```

指定另一个角点或[尺寸(D)]:@ 450,200

命令:_arc

指定圆弧的起点或[圆心(C)]:C   //输入 C 选项

指定圆弧的圆心: //捕捉矩形右侧短边的中点

指定圆弧的起点: //指定矩形的右下角点

指定圆弧的端点: //指定矩形的右上角点

命令:_circle

指定圆的圆心或[三点(3P)/两点(3P)/相切、相切、半径(T)]:

指定圆的半径或[直径(D)]:25   //指定圆的半径为 25

（2）污水池的绘制。

命令:_rectang

指定第一个角点或[倒角(C)/标高(E)/圆角(F)/厚度(T)/宽度(W)]:

                                    //在屏幕上指定一点作为第一个角点

指定另一个角点或[尺寸(D)]:@ 650,500

命令:_offset

指定偏移距离或[通过(T)]:50

选择要偏移的对象或〈退出〉:   //选择所画的矩形作为要偏移的对象

指定点以确定偏移所在的一侧: //点击矩形的内部

选择要偏移的对象或〈退出〉:   //按回车键

命令:_line

指定第一点: //捕捉内侧矩形的左下角点

指定下一点或[放弃(U)]:   //捕捉内侧矩形的右上角点

指定下一点或[放弃(U)]:   //按回车键

命令: //按回车键

指定第一点: //捕捉内侧矩形的左上角点

指定下一点或[放弃(U)]:   //捕捉内侧矩形的右下角点

指定下一点或[放弃(U)]:   //按回车键

命令:_circle

指定圆的圆心或[三点(3P)/两点(3P)/相切、相切、半径(T)]:

                                    //捕捉矩形中心交点作为圆心

指定圆的半径或[直径(D)]:25   //指定圆的半径为 25

命令:_trim

当前设置:投影= UCS,边= 无

选择剪切边…

选择对象: //按回车键

选择要修剪的对象,或按住 Shift 键选择要延伸的对象,或[投影(P)/边(E)/放弃(U)]:

                                    //选择圆当中多余的线段

选择要修剪的对象,或按住 Shift 键选择要延伸的对象,或[投影(P)/边(E)/放弃(U)]:

                                    //按回车键

（3）清扫口的绘制。

命令:_circle

指定圆的圆心或[三点(3P)/两点(3P)/相切、相切、半径(T)]:

指定圆的半径或[直径(D)]:25	//指定圆的半径为25
命令:_polygon	
输入边的数目<4>:4	//指定为四条边
指定正多边形的中心点或[边(E)]:	//指定圆的圆心为正多边形的中心点
输入选项[内接于圆(I)/外切于圆(C)]:C	
指定圆的半径:8	

添加给排水设备后的平面布置图如图 12-11 所示。

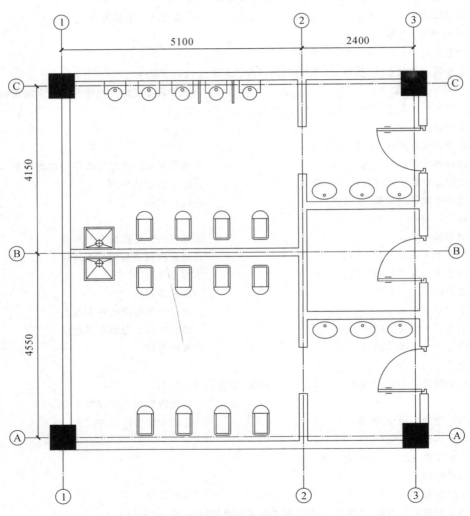

图 12-11　用水设备平面布置图

4. 绘制给水排水管道的平面布置图

新设计的给水管道一律用中粗实线表示，每层卫生设备平面布置图中的管路以连接该层卫生设备的管路为准。新设计的排水管道用粗实线表示，连接某层卫生设备的管路，虽有安装在楼板上面或下面的，也都要画在该楼层的平面图中。排水管道在楼板下面的排水管道用粗虚线表示,排水管可画至各设备的排泄口。

在实际建筑给水设计中,由于比例较小,立管及管道的布置可以不用画得很精确,立管只要大概绘制在墙角附件,管线沿墙绘制即可。

1)绘制给水管线

给水管线包括给水立管、水平干管、支管、截止阀等。

平面布置图中,给水立管用圆圈表示,直径为 100 个单位。执行"直线"命令绘制用水点和立管之间的连接线段,作为干管及支管,用粗实线表示,结果如图 12-12 所示。

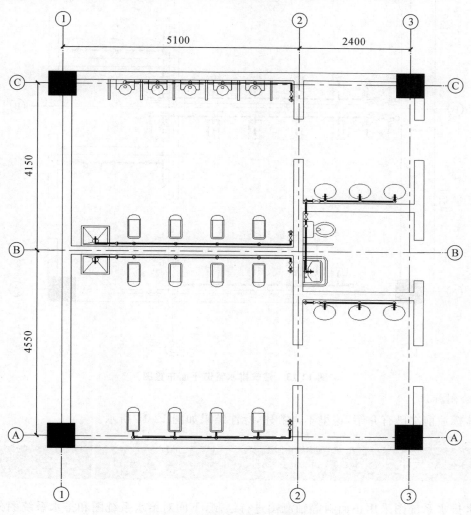

图 12-12　建筑给水管道平面布置图

2)绘制排水管线

排水管线与给水管线的画法基本相同,主要变化是:用粗虚线表示排水管线,表示排水立管的圆圈直径为 150 个单位,排水点一般为用水设备的中心点。结果如图 12-13 所示。

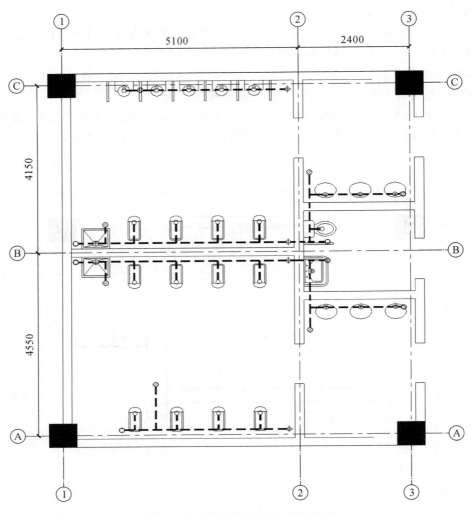

图 12-13　建筑排水管道平面布置图

3）绘制标注

具体标注前文已有介绍，这里不再赘述，标注结果如图 12-14 所示。

二、给水排水系统图的绘制

给水排水系统图采用正面斜等轴测图进行绘制，下面对给水系统图和排水系统图分别进行讲解。

1. 给水系统图绘制

选择给水管道图层为当前图层，绘制给水系统图，包括以下几个步骤：设置极轴角、绘制主管道、绘制其他管道、绘制附件、绘制标注等。

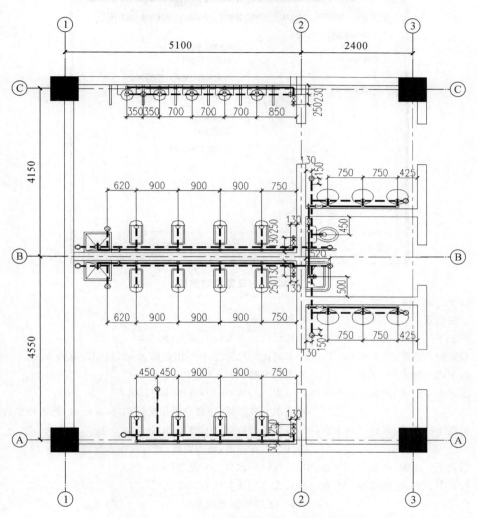

图 12-14　标注后的建筑给排水管道平面布置图

1）设置极轴角

由于系统图为斜等轴测图，所以需要将极轴角设置为 45°，以便使用 45°极轴追踪线绘制图形。

选择【工具】/【草图设置】命令，弹出【草图设置】对话框，打开其中的【极轴追踪】选项卡，如图 12-15 所示。选中【启用极轴追踪（F10）（P）】复选框，并在【增量角（I）】下拉列表中选择 45°，单击【确定】按钮完成绘图设置，如图 12-15 所示。

2）绘制主管道

执行"多段线"命令绘制给水管线，包括给水引入管、干管、立管等。命令行提示如下。

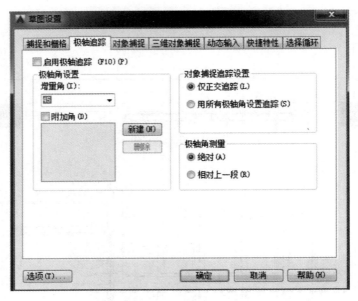

图 12-15　设置极轴追踪

```
命令:_Pline
指定起点:                      //指定一点
指定下一点或[圆弧(A)/半宽(H)/长度(L)/放弃(U)/宽度(W)]:W
指定起点宽度〈0.000〉:60       //本例比例尺为 1:100,因此输入 60,打印线宽为 0.6
指定端点宽度〈60.000〉          //按回车键
指定下一点或[圆弧(A)/半宽(H)/长度(L)/放弃(U)/宽度(W)]:
                              //画水平多段线,注意启用正交模式,输入距离,然后再按回车键
指定下一点或[圆弧(A)/半宽(H)/长度(L)/放弃(U)/宽度(W)]:
                              //画竖直多段线,输入距离,然后再按回车键
指定下一点或[圆弧(A)/半宽(H)/长度(L)/放弃(U)/宽度(W)]:
指定下一点或[圆弧(A)/半宽(H)/长度(L)/放弃(U)/宽度(W)]:
                              //画 45°斜等轴测线
```

依次按照此方法完成其他干管和立管的绘制。

执行"直线"命令绘制地面线、楼层线及屋面线,线段长度为 300,以线段为中点为基点复制到立管上,绘图图形如图 12-16 所示。

3)绘制横支管

执行"多段线"命令绘制给水横支管,绘制过程同给水干管的绘制步骤。在本例中共有 5 根水立管,并且 5 根管所接出来的横支管有共同之处,因此,可以采用复制命令先进行复制,然后将不同之处再进行修改。绘制结果如图 12-16 所示。

4)绘制给水附件

本例中,给水附件主要包括放水龙头、截止阀,可以分别绘制各种给水附件图例,然后将图例转换成图块,再插入到图形中去。下面以绘制截止阀为例,进行说明。

命令：_line	
指定第一点：	//指定一点
指定下一点或[放弃(U)]:150	//正交模式,画 150 单元的水平线
指定下一点或[放弃(U)]:回车	
命令：_offset	
指定偏移距离或[通过(T)]:300	
选择要偏移的对象或〈退出〉:	//选择所画的直线对象
指定点以确定偏移所在的一侧:	//点击直线的下侧或上侧
选择要偏移的对象或〈退出〉:	//按回车键
命令：_line	
指定第一点：	//开启端点捕捉模式,捕捉直线端点
指定下一点或[放弃(U)]:	//捕捉另一直线对角端点
指定下一点或[放弃(U)]:	//按回车键
命令：_line	
指定第一点：	//捕捉直线端点
指定下一点或[放弃(U)]:	//捕捉另一直线对角端点
指定下一点或[放弃(U)]:	//按回车键
命令：_block	//出现块定义对话框

在【块定义】对话框中输入块的名称【截止阀】,拾取点为一侧直线中点,然后选择所画的截止阀图例,【拖放单位】选择毫米,点击【确定】按钮,完成块的创建。

5) 标注尺寸

标注内容包括系统编号、标高、管径和文字说明。完成标注后的给水系统图如图 12-17 所示。

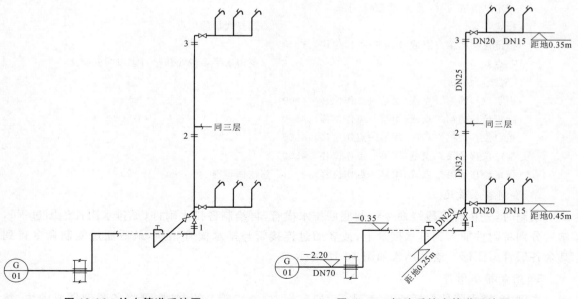

图 12-16 给水管道系统图   图 12-17 标注后给水管道系统图

2. 排水系统图绘制

选择排水管道图层为当前图层（排水管线为粗虚线），绘制排水系统图，包括以下几个步骤：绘制主管道、绘制各层管道、绘制排水附件、绘制标注等。

1）绘制主管道

执行"多段线"命令绘制系统的排出管和排水立管，命令行提示如下。

```
命令：_Pline
指定起点：                                   //指定一点
指定下一点或【圆弧(A)/半宽(H)/长度(L)/放弃(U)/宽度(W)】:W
指定起点宽度〈0.000〉:60                      //本例比例尺为1:100,因此输入60,打印线宽为0.6
指定端点宽度〈60.000〉                         //按回车键
指定下一点或【圆弧(A)/半宽(H)/长度(L)/放弃(U)/宽度(W)】:
                                            //画水平多段线,注意启用正交模式,输入距离,然后再按
                                              回车键
指定下一点或【圆弧(A)/半宽(H)/长度(L)/放弃(U)/宽度(W)】:
                                            //画竖直多段线,输入距离,然后再按回车键
指定下一点或【圆弧(A)/半宽(H)/长度(L)/放弃(U)/宽度(W)】:
                                            //按回车键
```

执行"直线"命令绘制地面线、楼层线和屋面线，线段长度 500，以线段中点为基点，复制到立管上，命令行提示如下。

```
命令：_copy
选择对象：                                   //选择已画好的线段
选择对象：                                   //按回车键
指定基点或位移，或者[重复(M)]:m
指定基点：                                   //选择线段的中点
指定位移的第二点或〈用第一点作位移〉:from
基点：                                       //点击水平多段线和竖直多段线的交点
〈偏移〉:1450
指定位移的第二点或〈用第一点作位移〉:4500
指定位移的第二点或〈用第一点作位移〉:4500
指定位移的第二点或〈用第一点作位移〉:4500
指定位移的第二点或〈用第一点作位移〉:4500
指定位移的第二点或〈用第一点作位移〉:           //按回车键
```

2）绘制各层管道

绘制时，先执行多段线命令绘制底层排水横管，再绘制各排水附件（见排水附件绘图过程），然后分别将附件插入到排水横管上，或者通过连接管与排水横管相连，最后通过复制命令得到其余各层管道图形。绘制结果如图 12-18 所示。

3）绘制排水附件

本例中，排水附件包括地漏、存水弯、通气帽、检查口等。绘制时，可将各图例做成图块，然后分别将图块插入到图形当中去。

排水管道附件以绘制存水弯和地漏为例，进行说明。绘制结果如图 12-19 所示。

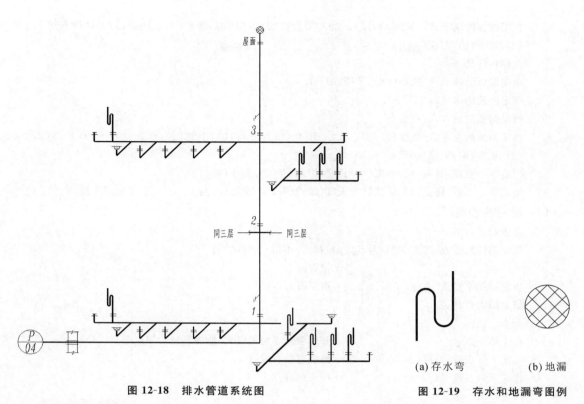

图 12-18　排水管道系统图

图 12-19　存水和地漏弯图例

(a) 存水弯　　　(b) 地漏

（1）存水弯的绘制。

```
命令:_Pline
指定起点:                        //指定一点
指定下一点或[圆弧(A)/半宽(H)/长度(L)/放弃(U)/宽度(W)]:W
指定起点宽度<0.000>:60           //本例比例尺为 1：100,因此输入 60,打印线宽为 0.6
指定端点宽度<60.000>             //按回车键
指定下一点或[圆弧(A)/半宽(H)/长度(L)/放弃(U)/宽度(W)]:860
                                //画竖直多段线,注意启用正交模式,输入距离,然后再按回
                                  车键
指定下一点或[圆弧(A)/半宽(H)/长度(L)/放弃(U)/宽度(W)]:A
                                //变成圆弧模式
指定圆弧的端点或[角度(A)/圆心(CE)/闭合(CL)/方向(U)/半宽(H)/直线(L)/半径(R)/第二个点
(S)/放弃(S)/宽度(W)]:A
指定包含角:- 180
指定圆弧的端点或[圆心(CE)/半径(R)]:R
指定圆弧的半径:60
指定圆弧的弦方向<90>:0
指定圆弧的端点或[角度(A)/圆心(CE)/闭合(CL)/方向(U)/半宽(H)/直线(L)/半径(R)/第二个点
(S)/放弃(S)/宽度(W)]:L
指定下一点或[圆弧(A)/半宽(H)/长度(L)/放弃(U)/宽度(W)]:400
指定下一点或[圆弧(A)/半宽(H)/长度(L)/放弃(U)/宽度(W)]:A
```

指定圆弧的端点或[角度(A)/圆心(CE)/闭合(CL)/方向(U)/半宽(H)/直线(L)/半径(R)/第二个点(S)/放弃(S)/宽度(W)]:A

指定包含角:180

指定圆弧的端点或[圆心(CE)/半径(R)]:R

指定圆弧的半径:60

指定圆弧的弦方向⟨90⟩:0

指定圆弧的端点或[角度(A)/圆心(CE)/闭合(CL)/方向(U)/半宽(H)/直线(L)/半径(R)/第二个点(S)/放弃(S)/宽度(W)]:L

指定下一点或[圆弧(A)/半宽(H)/长度(L)/放弃(U)/宽度(W)]:800

指定下一点或[圆弧(A)/半宽(H)/长度(L)/放弃(U)/宽度(W)]:   //按回车键

（2）地漏的绘制。

命令:_circle

指定圆的圆心或[三点(3P)/两点(3P)/相切、相切、半径(T)]:

                                    //指定圆心

指定圆的半径或[直径(D)]:D   //指定圆的直径

指定圆的直径:350

命令:_line

指定第一点: //开启象限点捕捉模式,捕捉直径左端点

指定下一点或[放弃(U)]:   //捕捉直径右端点

指定下一点或[放弃(U)]:   //按回车键

命令:_offset

指定偏移距离或[通过(T)]:87.5

选择要偏移的对象或⟨退出⟩:   //选择所画圆的直径

指定点以确定偏移所在的一侧: //点击直径的上侧

选择要偏移的对象或⟨退出⟩:   //按回车键

命令:_array

弹出【阵列】对话框,选择【环形阵列】,点击【选择对象】选择上述所画的三条线段,点击【中心点】选择圆心,【项目总数】输入 2,【填充角度】输入 90,点击【确定】按钮。

命令:_trim

当前设置:投影= UCS,边= 无

选择剪切边…

选择对象: //按回车键

选择要修剪的对象,或按住 Shift 键选择要延伸的对象,或[投影(P)/边(E)/放弃(U)]:

                                    //选择圆外面多余的线段

选择要修剪的对象,或按住 Shift 键选择要延伸的对象,或[投影(P)/边(E)/放弃(U)]:

                                    //按回车键

命令:_rotate

选择对象: //全部选择

指定基点: //指定圆的一个象限点

指定旋转角度或[参照(R)]:45

5）绘制标注

排水系统图中的标注内容包括系统编号、标高、管径、管道坡度和必要的文字说明等,完成

标注后的排水系统如图 12-20 所示。

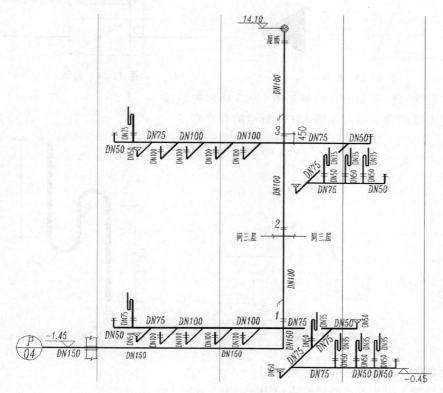

图 12-20　标注后排水管道系统图

习　题

1.绘制如图 12-21 所示的给水引入管的表示方法。

2.绘制如图 12-22 所示的闸阀图例。

图 12-21　给水引入管　　　　图 12-22　闸阀

3.绘制如图 12-23 所示的水泵图例,左侧为平面图,右侧为系统图。

4.绘制如图 12-24 所示的蝶阀。

图 12-23　水泵　　　　　　　　图 12-24　蝶阀

5.用多段线、圆、剪切命令绘制如图 12-25 所示的地漏。

6.利用多段线命令绘制如图 12-26 所示的存水弯。

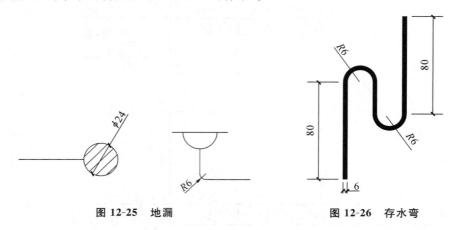

图 12-25　地漏　　　　　　　　　图 12-26　存水弯

7.绘制如图 12-27 所示的排水系统图。

8.绘制如图 12-28 所示的给水系统图。

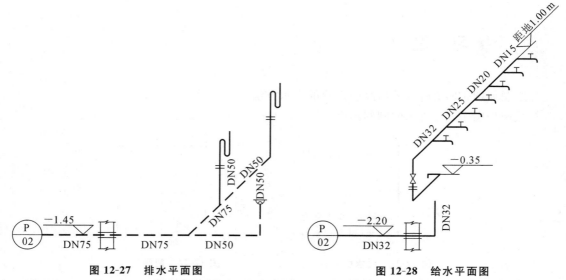

图 12-27　排水平面图　　　　　　　图 12-28　给水平面图

9.绘制如图 12-29 所示的地铁车站污水泵房台板下平面图(1：50)。

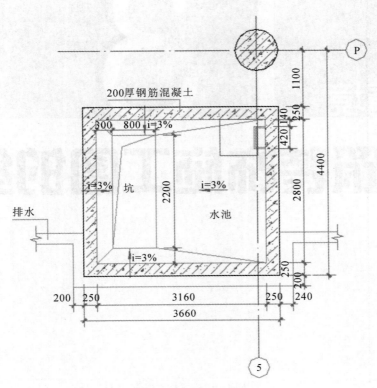

图 12-29　污水泵房台板下平面图

学习情境 13

建筑装饰施工图的绘制

■ 教学目标

通过学习,使学生掌握绘制装饰施工图的基本方法和技巧,能够使用绘图工具和编辑命令绘制及编辑建筑装饰施工图,包括平面布置图、立面图和装饰详图,从而提高绘图速度。

■ 教学重点与难点

(1) 绘制装饰平面布置图,绘制装饰立面图,绘制顶棚平面图。

(2) 绘制详图。

任务 **1** 装饰平面图

1. 平面图

建筑装饰工程施工图一般由装饰设计说明、平面图、楼地面平面图、顶棚平面图、室内立面图、墙(柱)装饰剖面图、装饰详图等组成。其中,平面图是室内布置设计中重要的图样,用于反映建筑平面布局、空间尺度、功能区域的划分、材料选用、绿化及陈设的布置等内容。根据表达目的的需要平面图又可进一步细分为原始平面图、平面布置图、墙体定位图、家具定位图、地面材料图、立面索引图等。

平面图的设计首先要掌握室内设计原理、人体工程学等学科知识,布置时要注意设计功能空间,如玄关、餐厅、厨房、客厅、卫生间等,还应根据人体工程学来确定空间尺寸,如过道宽度,楼梯踏步宽度、高度等。

2. 平面布置的图示内容

(1) 建筑平面的基本内容,如墙柱与定位轴线、房间布局与名称、门窗位置(编号)、门的开启方向等。

(2) 室内楼地面材料、尺寸、标高和工艺要求。

(3) 室内固定家具、活动家具、家用电器等的位置,装饰陈设、绿化植物、地面铺设材料等及图例符号。

(4) 室内立面图内视投影符号。

(5) 室内现场制作家具的定形尺寸、定位尺寸。

(6) 房屋外围尺寸及轴线编号等。

例 13.1　绘制如图 13-1 所示平面图。

操作步骤

步骤 1　设置绘图环境。选择【格式】/【图形界线】命令,以总体尺寸为参考,设置图形界线为 40000×33000。选择【格式】/【线型】命令,加载中心线 CENTER,根据设置的图形界线与模板的图形界线的比值,设置其全局比例因子约为 100,使得中心线能正常显示。也可以在命令行输入"lts",比例设置为 100,如图 13-2 所示。

步骤 2　设置图层。根据不同特性创建图层以便于管理各种图形对象,如轴线层、墙体层、柱子填实层、门窗等,如图 13-3 所示。常常我们将轴线设置红色,点击线型 **Continuous** 图标,打开【选择线型】对话框。单击【加载(L)】按钮,打开【加载或重载线型】对话框,如图 13-4 所示。选择【ACAD_ISO10W100】线型,返回【选择线型】对话框,选择刚刚加载的【ACAD_ISO10W100】线型,如图 13-5 所示,单击【确定】按钮完成线型设置,效果图 13-6 所示。使用同样方法完成其他图层设置。

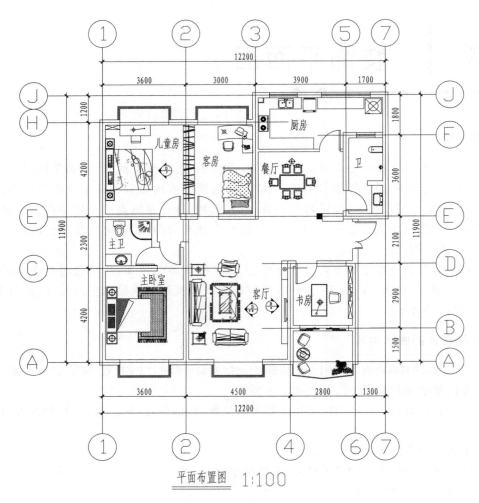

平面布置图　1:100

图 13-1　装饰平面布置图

图 13-2　设置线型比例

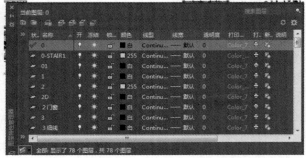

图 13-3　图层设置

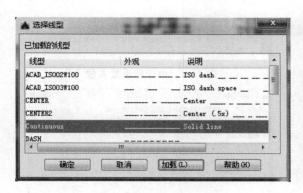

图 13-4　加载线型

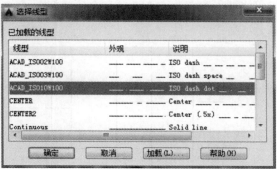

图 13-5　选择线型

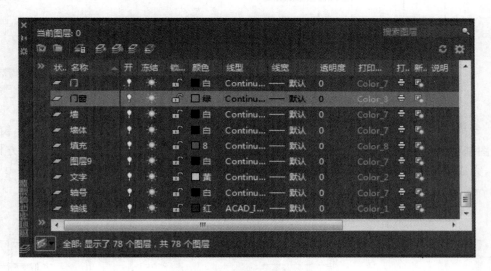

图 13-6　设置完轴线图层

步骤 3　　绘制轴线及定位轴线。将轴线层设置为当前,打开正交,使用直线命令,绘制一条超过总长和总宽的直线,然后使用偏移命令得到其他的轴线和定位线,之后进行修剪,结果如图 13-7 所示。

步骤 4　　绘制墙体和柱子。将墙体层设置为当前,并在定位轴线的基础上使用多线命令绘制墙体,这时注意多线的设置,可以选择【格式】/【多线样式】命令,也可以直接在命令行进行设置。在命令行输入"ML",按回车键,之后输入"S",按回车键后输入"240",J 按回车键,选 Z,这样就可以画出墙线,如图 13-8 所示。墙线绘制完成后,选择修改下拉菜单,选择对象,弹出多线编辑器,编辑多线,如图 13-9 所示。在编辑修改多线时还可以先将对象分解,之后可以进行编辑。将柱子层设置为当前,根据尺寸绘制并填充柱子。在绘制墙体和柱子的时候,使用复制、镜像或阵列等命令可以加速绘图速度。进一步使用偏移、修剪命令完成门洞、窗洞的绘制,如图 13-10 所示。

图 13-8　命令行设置多线

图 13-7　绘制轴线

图 13-9　多线编辑

步骤 5　　绘制门窗、楼梯及其他细部。将门窗层设置为当前,创建或调用门、窗图块,并在上图基础上插入门窗图块,进一步绘制细部,如楼梯、风井、电井等,并在需要的地方标注文字说明,完成平面图形部分的绘制,如图 13-11 所示。

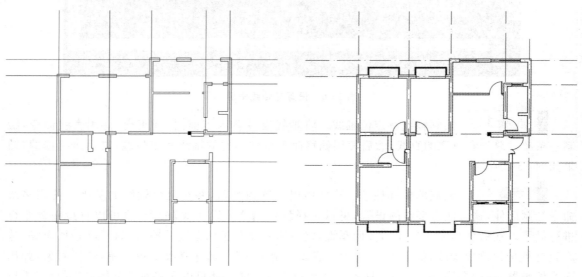

图 13-10　绘制柱子和墙体　　　　　　　　图 13-11　绘制门窗及细部

步骤 6　　家具布置方案的设计,绘制平面布置图。平面图绘制完成之后,在室内设计原理及相关尺寸要求下进行方案布置。在平面图上进行方案布置,我们可以利用以前积累的家具、设备、绿化等图块,在平面图布置时直接调入就可以了,而不需要单独绘制,这样可以大大提高绘图速度。在调入图块的时候,应注意进行分解和比例缩放,在缩放的时候主要应以人体尺寸和设计原理的相关要求进行调整尺寸,如图 13-12 所示。

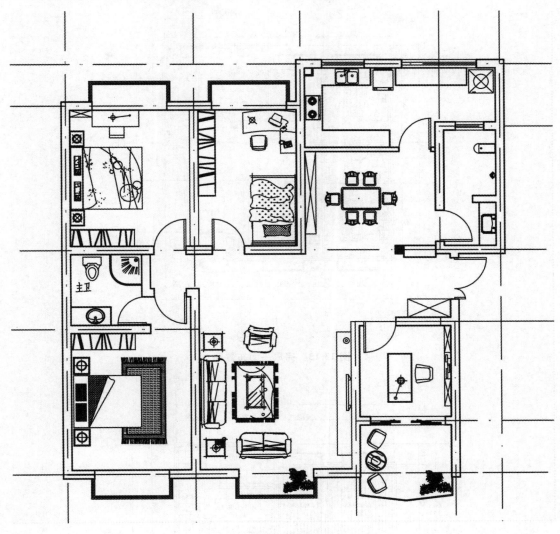

图 13-12　布置家具

步骤 7　尺寸标注,完成建筑装饰平面图的绘制。将标注层设置为当前,设置正确的标注样式,使用标注工具对平面图进行尺寸标注,并用块属性的方法标注轴号,最后还要注写相关的说明,如房间名称、图名等。完成平面图绘制,结果如图 13-13 所示。

步骤 8　绘制地材布置图。施工时,在墙体间隔施工完成后,将进行地面材料的铺贴,需要绘制地材布置图,清晰地标识地面材料,以指导工人施工。在执行"填充"命令进行图案填充,填充图案时候,注意设置比例,同时标注地材名称和规格,如图 13-14 所示。

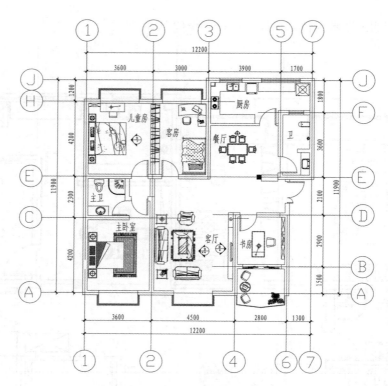

图 13-13　完成平面布置图

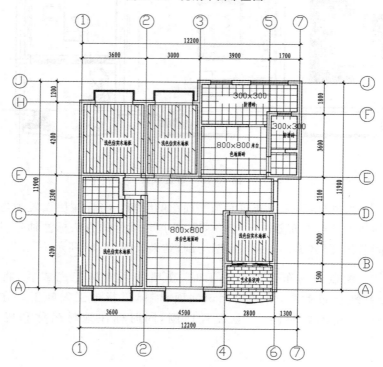

图 13-14　地面平面布置图

任务 2　二、建筑装饰立面图

1. 概述

立面装饰主要是在原来墙面上再进行装饰,如贴面、喷漆、造型、裱糊等。装饰立面图是指将室内墙面向与之平行的投影面做正投影所得的投影图,主要表达墙面的立面造型、装修做法和陈设品的布置等。室内立面图是将房屋的室内墙面按内视投影符号的指向,向直立投影面所做的正投影图。

2. 立面图的图示内容

(1) 被剖切到的建筑及装修的断面形式(如墙体、顶棚、门窗洞、地坪等);顶棚有吊顶时可画出吊顶、跌级、灯槽等剖切轮廓线,墙面与吊顶的收口形式等。

(2) 未被剖切到但是投影方向可见的内容,如墙面装饰造型、固定家具、灯具、陈设、门窗等。

(3) 活动家具(以虚线绘制主要可见轮廓线)。

(4) 墙面所有设备,如墙面灯具、暖气罩等,表明其位置及规格尺寸。

(5) 装饰所选材料,立面尺寸、标高及做法说明。图外一般标注一道至两道竖向及水平向尺寸,以及楼地面、顶棚等装饰标高;图内一般标注主要装饰造型的定形、定位尺寸。做法采用细实线引出进行文字标注。

(6) 索引符号、图名、比例、文字说明。

| 例 13.2 | 绘制如图 13-15 所示的立面图。 |

操作步骤

步骤 1　设置绘图环境:设置图层。

步骤 2　绘制辅助线:结合平面图定位立面尺寸,绘制定位辅助线,如图 13-16 所示。

步骤 3　绘制立面图案:在辅助轴线的基础上使用绘图及编辑工具绘制立面图案,并删除不必要的线段,结果如图 13-17 所示。在细部绘制的基础上进行图块的插入、家具设计,此时注意缩放的比例,同时考虑人体活动所需的尺寸和美学原理,完成效果如图 13-18 所示。

步骤 4　标注尺寸、添加文字说明。将尺寸标注层设置为当前层,使用尺寸标注工具给客厅立面图添加标注,并且加注相应的说明,标识其材料或造型,对立面图施工方法有些需要用索引详细说明,结果如图 13-19 所示。

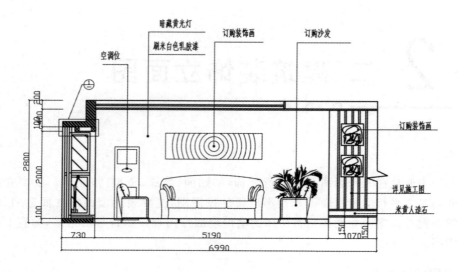

空调位　　暗藏黄光灯　　订购装饰画　　订购沙发

刷米白色乳胶漆

订购装饰画

详见施工图

米黄人造石

730　　5190　　1070 150

6990

2800 2000 100

客厅D 立面图 1:30

图 13-15　客厅立面图

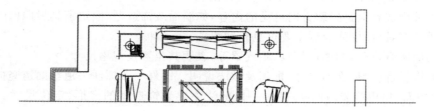

图 13-16　绘制辅助轴线

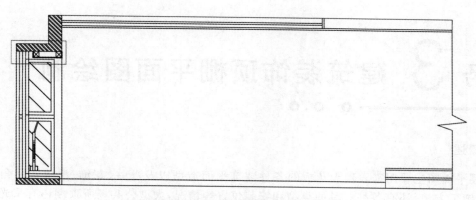

图 13-17　绘制细节（删除不必要的线段）

图 13-18　细部绘制插入图块

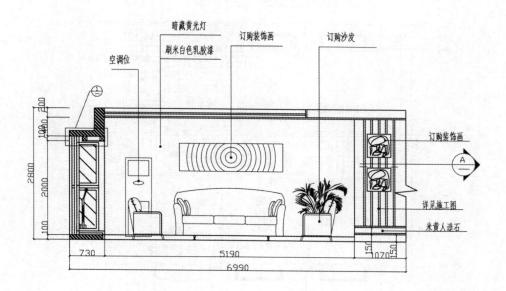

图 13-19　完成立面图绘制

任务 3 建筑装饰顶棚平面图绘制

1. 概述

顶棚平面图主要用来表现天花板的各种装饰平面造型以及藻井、花饰、浮雕和阴角线的处理方式、施工方法,还有各种灯具的类型和安装位置等情况,大型公共场所顶棚还有采光、通风、消防等情况。一般情况,我们采取镜像法绘制顶棚平面图。

2. 顶棚平面图图示内容

(1)表明顶棚的造型平面形状和尺寸。
(2)说明顶棚装饰所用材料及规格。
(3)表明灯具的种类、规格及布置形式和安装定位,顶棚的净空高度。
(4)表明空调送风口的位置、消防自动报警设备以及与吊顶有关的音箱设施平面布置图。

例 13.3　　绘制如图 13-20 所示的顶棚平面图。

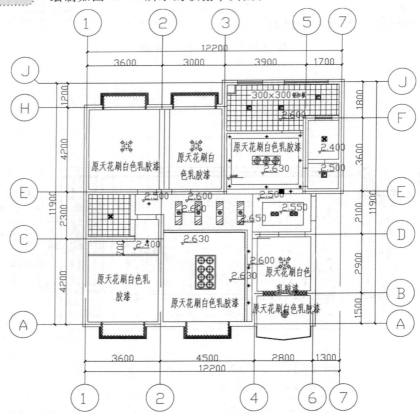

图 13-20　顶棚平面图

■ 操作步骤

■ 步骤 1　　　调入平面图。在平面布置图的基础上充分考虑照明、排气等功能要求,制定顶棚布置方案,并着手进行绘制。

■ 步骤 2　　　绘制顶棚造型。根据需要使用的直线、矩形或填充等命令绘制,并进行偏移、修剪等修改编辑操作,完成顶棚造型的绘制,如图 13-22 所示。

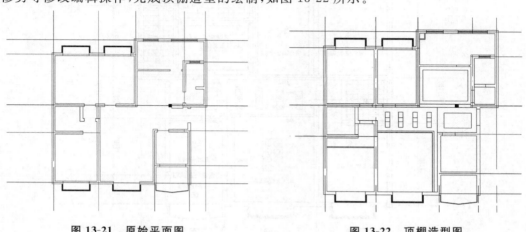

图 13-21　原始平面图　　　　　　　　　图 13-22　顶棚造型图

■ 步骤 3　　　灯具布置,标注尺寸及说明。根据绘制的顶棚造型设计方案,对所需灯具进行布置。布置灯具时,可以调用图块,但是需要注意尺寸和比例,安装在相应的位置。文字说明天花做法。对铝扣板天花进行填充布置,绘制窗帘,如图 13-23 所示。使用尺寸标注工具对顶棚造型进行标注,这里面标高标注是重要的施工参数,为了便于识读,必须表达清楚。还需要必要的文字说明,如顶棚的材料、做法等。完成顶棚平面图的绘制,如图 13-24 所示。

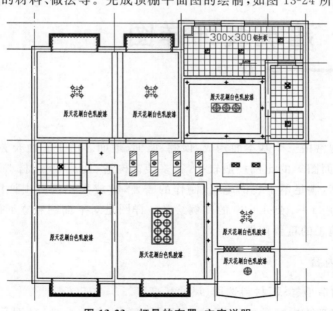

图 13-23　灯具的布置、文字说明

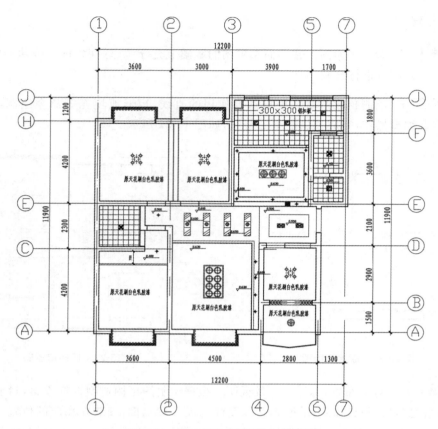

图 13-24　尺寸标注、标高及文字说明

任务 4　建筑装饰详图

1. 概述

　　室内装饰空间通常由三个基本面构成:顶棚、墙面、地面。由于平面布置图、楼地面平面图、室内立面图、顶棚平面图等的比例一般较小,很多装饰构造、构造做法、材料选用、细部尺寸等无法反映或反映不清晰,满足不了装饰施工、制作的需要,故放大比例画出详图图样,形成装饰详图,装饰详图一般采用1∶1到1∶20的比例绘制。详图是对平面图和立面图的深化和补充,是装饰施工以及细部施工的重要依据。

2. 详图的图示内容

　　(1) 装饰形体的造型样式、材料选用、尺寸标高等。

　　(2) 所依附的建筑结构材料、连接做法,如钢筋混凝土与木龙骨、轻钢及型钢龙骨等内部骨架的连接图示（剖面或断面图）。

（3）装饰体基层板材的图示（剖面或断面图），如石膏板、木工板等用于找平的构造层次（通常固定在骨架上）。

（4）装饰面层、胶缝及线脚的图示。

（5）颜色及做法说明、工艺要求。

（6）索引符号、图名、比例等。

当装饰详图所表达的形体的体量和面积较大，通常先画出平面图、立面图、剖面图来反映装饰造型的基本内容，如准确的形状、与基层的连接方式、标高、尺寸等。选用比例一般为 1：10～1：50，最好平面图、立面图、剖面图画在一张图纸上。当该形体按照上述比例还不能清晰表达时，可选择 1：1～1：10 的大比例绘制。当装饰详图较简单时，可只画出其平、立、剖面图中的部分详图即可。

3. 装饰详图的绘图要点

绘制装饰详图应结合装饰平面图和装饰立面图，按照详图符号和索引符号来确定装饰详图在装饰工程中所在的位置，通过读图应明确装饰形式、用料、做法、尺寸等内容。由于装饰工程的特殊性，往往构造比较复杂，做法种类较多，细部变化多样，故采用标准图集较少。装饰详图种类较多，且与装饰构造、施工工艺有着密切联系，其中必然涉及一些专业上的问题，因此在识读详图时应注重与实际结合。

例 13.4 在平面图和立面图的基础上绘制如图 13-25 所示的门的详图。

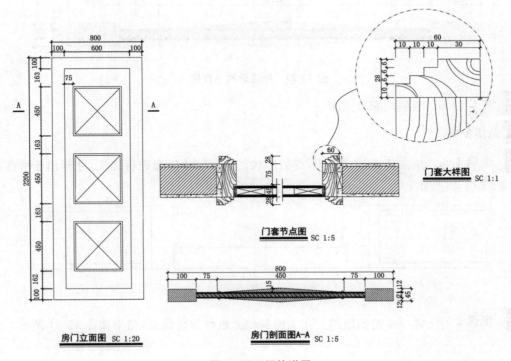

图 13-25　门的详图

操作步骤

步骤 1 绘制轮廓线和辅助线。根据尺寸对平面图进行定位并画出轮廓线,如图 13-26所示。

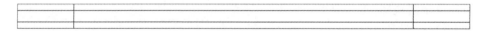

图 13-26 定位图

步骤 2 绘制门形状。对辅助轴线进行修剪,并删除不必要的线段,如图 13-27 所示。

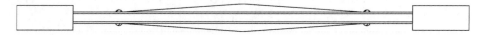

图 13-27 修剪后的平面图

步骤 3 绘制门的构件,填充门的材质,如图 13-28 所示。

图 13-28 构件填充后的效果

步骤 4 尺寸标注。给门的剖面图进行标注,完成绘图进行保存,如图 13-29 所示。

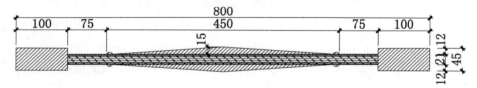

图 13-29 标注后的平面图

例 13.5 绘制门套节点图。

操作步骤

步骤 1 绘制轮廓线,门套节点的形状。根据尺寸门套进行定位,并画出轮廓线进行修剪,如图 13-30 所示。

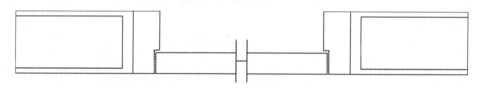

图 13-30 门套轮廓图

步骤 2 进一步绘制细部。在上图基础上进行细部绘制,结果如图 13-31 所示。

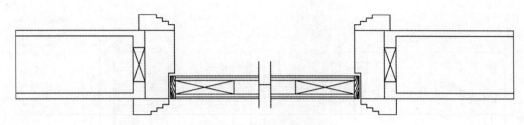

图 13-31　门套细部绘制

步骤 3　对材质进行填充。在已经绘制好的图形上进行填充,应用填充命令对不同材质进行填充,此时需要注意调整比例,还需要掌握常用材料的图例。效果如图 13-32 所示。

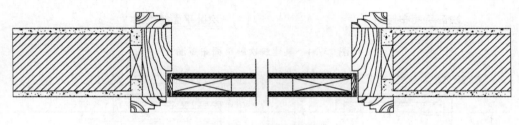

图 13-32　填充效果

步骤 4　标注尺寸。根据已知尺寸给门套节点图添加尺寸标注,完成绘制,效果如图 13-33 所示。

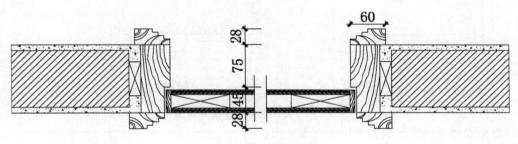

图 13-33　添加标注

 习　题

1. 绘制如图 13-34 所示的次卧平面布置图。
2. 绘制如图 13-35 所示的主卧平面布置图。

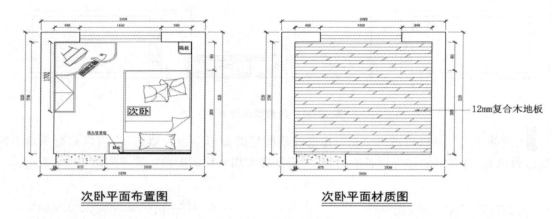

次卧平面布置图　　　　　　次卧平面材质图

图 13-34　某建筑次卧平面布置图

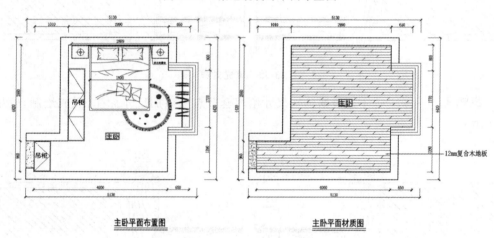

主卧平面布置图　　　　　　主卧平面材质图

图 13-35　某建筑主卧平面布置图

3. 绘制如图 13-36 所示的客厅平面布置图。

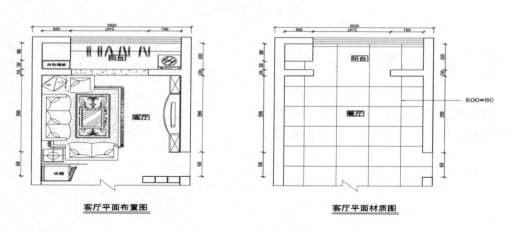

客厅平面布置图　　　　　　客厅平面材质图

图 13-36　某建筑客厅布置图

4.绘制如图 13-37 所示的立面图。

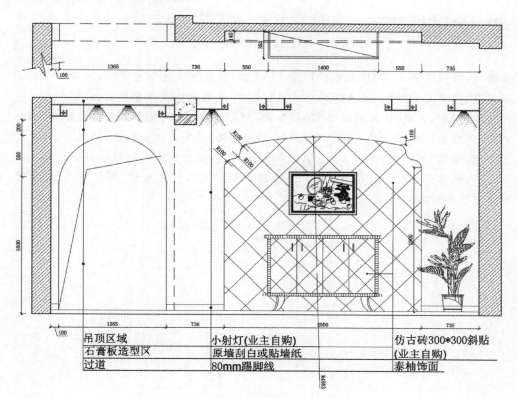

图 13-37　电视背景墙立面图

参 考 文 献

[1]　唐建成.机械制图及 CAD 基础[M].2 版.北京:北京理工大学出版社,2017.

[2]　高恒聚.建筑 CAD(AutoCAD 2008)[M].北京:北京邮电大学出版社,2015.

[3]　周佳新,刘鹏,姜英硕.建筑工程 CAD 制图[M].2 版.北京:化学工业出版社,2016.

[4]　刘颖,郭邦军,李艳敏.建筑制图与 CAD[M].北京:清华大学出版社,2016.

[5]　王万德,张莺,刘晓光.土木工程 CAD[M].西安:西安交通大学出版社,2011.

[6]　于海涛,杨雪芹,李云良.AutoCAD 2014 建筑设计从入门到精通[M].中文版.北京:中国
　　　铁道出版社,2014.